浪花朵朵

如果你在自习时看这本书，
千万忍住不要笑出声

物理笑着学

[英]汤姆·惠普尔 著

[英]詹姆斯·戴维斯 绘

李永学 译

海峡出版发行集团 | 海峡书局
THE STRAITS PUBLISHING & DISTRIBUTING GROUP

目 录

前言

除了教科书，我需要再买一本物理教材吗？

不需要，你手里的教科书就很好。我向你保证，教科书包含了所有你考试需要的知识点。但是……

但是？

比如说，在教科书中是这样描述电学相关的概念的：

$$U = IR$$

电荷的定向移动形成电流。

交流电以50赫兹的频率按照正弦规律变化。

这些当然都是正确的，也是你考试需要掌握的知识。

太棒了，那我就再读一遍课本。

当然可以。但说句实话，读一遍课本就掌握这些知识，并不是一件容易的事。

物理学是一门神奇的学科。它关联着宇宙运行的规律，小到原子，大到黑洞，无所不包。它是知识领域中的一个宏伟壮观、正在高速发展、可以激发灵感的分支，当然，它有时也有点无趣。

这本书不会让我觉得无趣？

我希望是这样。那我们就从电流的概念开始说起？我们之所以能学到这个知识，是因为几百年前的一次实验。而且我觉得只要你听了这个故事，就能更轻松地记住其中的物理原理。

为什么我能更轻松地记住其中的物理原理？

因为有人向一群修道士身上通电。

修道士？你说的是那些整天祷告的人？

没错。在18世纪的法国，一个修道院的院长用铁丝将他手下那些可怜的修道士连在一起，然后向他们身上通电。

在这本书里，我会告诉你为什么会发生这样的事，同时也会解释一些考试需要的物理学知识。

也就是说，这本书很有用处，是因为书里有修道士遭受电刑的故事？

说得对！

嗯，不只是这样。因为书里也有悬浮的青蛙。

别忘了还有放屁的牛！在学习物质的粒子理论时，它们会很有用。

好吧，我不会忘记它们的……你说这些干嘛？

我想说的是，这本书不是物理复习手册，我想让它成为你的学习助手。

它会告诉你，物理学是怎样发展到今天这一步的，以及为什么会发展到这一步。同时我也希望这本书能让你记住最重要的细节。

比如说？

比如说，比热容的定义是"单位质量的物质升高（或降低）1℃吸收（或释放）的热量"。

还有，在第二次世界大战期间，为什么一位英国贵族射出的子弹会误伤美国海军上将的腿。

书里除了倒霉的海军上将，也会有物理公式吧？

没有很多。当然肯定没有教科书里的多。

但是，书中的每一章都与物理学的一个关键主题有关。它会帮助你复习整个物理教学大纲的内容，进一步加深对现有知识的理解。

好极了！那我就不用管那些公式了。

不，那肯定不行。教科书很有用，老师也非常重要！教科书里有非常多你需要学习的知识，老师会把这些知识教给你。

不过，老师在上课的时候，并不会把课本之外的故事都告诉你——这些物理学家比一般人看得更远、想得更深、工作得更努力，甚至还有科学家用针戳自己的眼睛，只是为了弄清楚眼睛视物的原理。

这就是我们这本书的重点。

现在就让我们开始第一章吧！让我们看看放屁的牛是怎么回事……

物质的粒子理论

简 介
物质的粒子理论

本章你将学习

- 物质是由粒子组成的
- 密度
- 温度
- 固体、液体和气体
- 质量守恒定律
- 气体压力
- 布朗运动

在你阅读本章之前：

你知道世界是由什么组成的吗？

如果你拿起一块金属、一块冰或者随便什么东西，把它切成两半。

然后，把其中的一半再切成两半。重复这个操作。

你可以一直这样切下去吗？最后，你会不会发现这个物体已经足够小，没有办法再分成两半了？

如今，我们已经知道了第一个问题的答案——我们周围的一切都是由粒子组成的。

其中一些粒子叫作原子。原子是"纯净物质"的最小组成单位。例如，我们能得到的最小的铁就是一个铁原子。元素是指像铁原子这样的同一类原子的总称。

还有一些粒子叫作分子。分子是由两个或者更多的原子结合而成的。

例如，水是由氢元素和氧元素组成的。也就是说，一个水分子由两个氢原子和一个氧原子组成。如果你把这些原子分开，水分子就不存在了。

从前，科学家们并不知道粒子理论。但他们很快就意识到，如果粒子确实存在，从冰的融化到化学反应，很多现象就都说得通了。

本章节讨论的就是**物质的粒子理论**。

为了理解它为什么是一个革命性的理念，让我们从最合理的地方开始：牛会放屁。

质量守恒

在 4 天的时间里，一头小牛会通过放屁排出 14 克的甲烷气体。我们能知道这个数据，是因为在一次实验中，科研人员收集并称量了一头小牛在这段时间内排出的所有甲烷气体。

另外，他们还收集并称量了它排出的粪便（272 克）和尿液（10100 克），甚至还在小牛的围栏底部细心收集了它留下的所有皮屑（28 克）。

他们最终得到了两个数字：第一个是进入围栏的物质的总重量，包括乳汁、水、氧气以及小牛本身的体重——共 52.5 千克。第二个是实验最后称量出的总重量，也是 52.5 千克。

小牛从嘴里呼出气体，从后面排出气体，消化喝下的乳汁，排出粪便和尿液，但是所有物质的总重量完全没有变化。

粒子的重新组合

想想吧，这个结论是多么神奇！一堆化学物质进入了小牛的身体，在它的身体内，有些液体变成了气体，有些液体变成了可以算作固体的牛粪，有些气体与其他化学物质结合，让小牛长大了一点点。

整个过程结束的时候，所有物质的总质量与原来完全相同。

不仅如此，科学家们还发现了更加令人困惑的现象：小牛在放屁的时候有着精准的控制力。

甲烷是由碳原子和氢原子构成的。小牛放的屁中，甲烷气体都由一份碳和四份氢组成，两种粒子数量的比例堪称完美，而且稳定不变。这究竟是为什么？

为什么从来没有出现过氢原子含量多一点或者碳原子含量少一点的甲烷？

小牛的质量守恒，小牛放的屁中甲烷气体的碳、氢原子的稳定比例，这两个现象都可以用粒子理论来解释。

假设进入一头牛体内的所有物质都是由粒子组成的，反应生成的所有物质也都是由同样的粒子重新组合而成的。

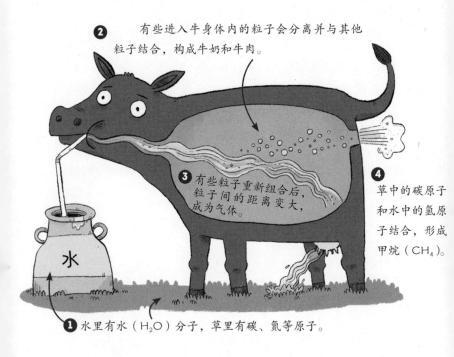

❷ 有些进入牛身体内的粒子会分离并与其他粒子结合，构成牛奶和牛肉。

❸ 有些粒子重新组合后，粒子间的距离变大，成为气体。

❹ 草中的碳原子和水中的氢原子结合，形成甲烷（CH_4）。

水

❶ 水里有水（H_2O）分子，草里有碳、氮等原子。

不管发生了什么，反应前后原子的种类和数目都不会改变。实验中总质量之所以不会发生变化，是因为粒子一直存在，只是位置发生了变化。

不变的比例

同样，粒子理论也可以清楚地解释，为什么甲烷这样的化学物质中的元素比例是精确恒定的。

甲烷是当一个碳原子与四个氢原子结合时产生的。它们组成了甲烷分子，这种分子以气体的形式存在并弹跳运动。因此，甲烷气体是由粒子组成的一个集合体，根据定义，这个集合体中的粒子有一个碳原子和四个氢原子，并且这种比例精确地维持恒定。

当粒子理论第一次被提出时，没有人能证明它是正确的（剧透一下，它确实是对的），但科学家们可以用这一理论解释很多现象，比如热现象。

甲 烷

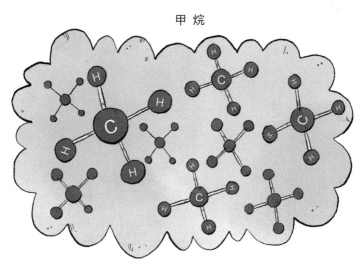

每个碳原子与四个氢原子相连。

物体的温度越高，粒子运动得越快

所有物质都是由粒子组成的。对物质进行加热，会让其中的粒子加速运动，获得动能（见第二章）。当你触碰滚烫的碗并被烫得"哎哟"一声时，你的疼痛来自粒子的"冲击"。

粒子理论也可以解释为什么物质会改变状态。

假设固体中的粒子是紧密地结合在一起的，那么对固体进行加热，会让粒子的"抖动"达到非常激烈的程度，粒子间的结合断开，这时候固体就变成了液体。

继续加热，粒子的"抖动"更加激烈，粒子与粒子间几乎不再有关联，液体就变成了气体。

气球膨胀是因为空气粒子撞击气球的内壁

粒子理论也可以解释什么是气体压力。

为什么吹满气的气球是绷紧的？为什么耳朵会在飞机起飞的时候发胀？这都是因为气体压力发生了变化。

吹满气的气球中气体的压力高于大气压，使气球变得紧绷；飞机升入高空，耳膜内侧的气压等于地面上的气压，并且高于耳膜外侧（高空中）的气压，因此耳朵会发胀。

但气压又是什么？

假定气体只是一堆不停"抖动"的粒子（事实确实是这样），那么气压就是这些粒子碰撞装着它们的容器（比如气球或者你的耳膜）的内壁产生的结果。

粒子的温度越高，数目越多，它们就会越频繁地撞击容器内壁，我们就能感受到气压的变化。

如果这些气体粒子来自牛的屁股，那么在它们跳进你的鼻子之前，最好抓紧时间后退到安全的地方。

如果冰沉到水下会怎么样？

想象这样一个场景：在炎热的夏日，你正在舒舒服服地喝着一杯清凉解暑的冷饮，突然你的玻璃杯里出现了奇怪的现象——杯子里的冰块毫无征兆地沉到了杯底。与此同时，全世界都出现了同样的现象：在南极，一群海豹正在浮冰上休息，浮冰突然消失，它们成了落汤鸡；在北大西洋的海底，泰坦尼克号的残骸被一座沉没的冰山砸中。

让我们仔细地想一想，离奇的并不是在想象中世界上所有的冰块都沉入水中，而是日常生活中它们为什么总是漂浮在水面上。

这是因为水的性质不同于其他物质。

当处于气态时，物质的体积是最大的。气体中的所有粒子都相距很远，所以它的密度很低。

密度是衡量在一定的体积内粒子数量多少的物理概念。一定体积内的粒子越多，物体就越重，密度也就越大。

如果对某种气体进行冷却，气体粒子的运动速度减慢，粒子间的距离缩小，气体就会变成液体。粒子间的距离变小，使得物体的密度变大。

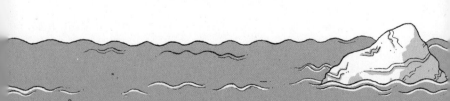

如果继续对得到的液体进行冷却，粒子会运动得更慢，而且活动范围越来越小，直到这种物质变成固体。

规则的例外

水是一个例外。当水处于气态时，水分子永远是遵守规则的；液态的水在大多数情况下也是这样。

然而，如果你把液态的水冷却到 4 摄氏度以下，一种非常奇怪的现象就会发生：水的密度不升反降。

冰具有奇特的晶体结构，因此，在冰中水分子之间的距离反而变大了。

水在固态时的结构

水在液态时的结构

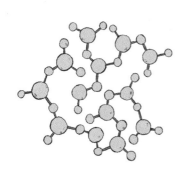
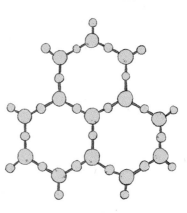

当水变成冰时，水分子分散开来，形成奇特的晶体结构。

这就意味着，1千克液态的水，体积小于1千克固态的水（也就是冰）。

因此，一种神奇的现象得以发生——冰可以漂浮在水面上。我们的生活也与这种现象息息相关：如果冰无法漂浮在水面上，世界将变得截然不同，人类的祖先甚至也可能无法走上进化之路。

想象一下，在江河湖海中，冰不是在水面，而是在水底形成。它的体积会逐渐增大，一直向上到达水面，形成一整块冰坨，鱼儿们只能在冰面上垂死挣扎。

如此，每到冬季，寒冷地区的水生生物都会遭受毁灭性的打击。

另外，在炎热的夏日，因为冰会沉到水底，所以你的冷饮只有底部才是冰凉的。

布朗运动

原子非常小。它的直径约为 1 厘米的 1 亿分之一，具体大小因元素而异。也就是说，大约 100 万个原子堆在一起，我们才能用肉眼看到它。

2000 多年前，罗马人卢克莱修就提出了原子的概念。现在，你同样可以"看到"原子，更确切地说，你也可以看到原子运动的轨迹。

在诗中，卢克莱修让读者看向一束光，观察在光束中翻腾着的灰尘微粒。在阳光的照射下，这些微粒显然在做无规则的运动。

但是卢克莱修认为这种运动并不是随机的。这是一种迹象，说明灰尘微粒受到了一种他称之为"始基"的物质的撞击。卢克莱修所说的"始基"实际上就是分子和原子。我们知道，分子和原子一直在运动。

卢克莱修说："秘密而不可见的物质运动隐藏在下面，在它们背后。"正是这些我们看不到的粒子造成了一系列的运动。受到撞击而运动的微粒越来越大，一直到我们人类的眼睛可以看到的微粒也开始运动，这就是阳光下灰尘微粒的翻腾。

他的理论是非常正确的。但遗憾的是，当时的世界还无法接受这种超前的想法。

领先于他的时代

千百年的历史飘然而过。罗马共和国灭亡，基督教与伊斯兰教崛起。中国在继续发展，还发明了火药和印刷术。在非洲，撒哈拉沙漠边缘的通布图成为伟大的文化中心。

一代又一代人在这尘世中走过了自己的一生，无数次望着光束中飞舞的尘埃出神，却从未思考过这些尘埃因何而舞。

让·巴蒂斯特·佩兰

到了 19 世纪和 20 世纪初期，包括阿尔伯特·爱因斯坦在内的科学家们才再次将自己的目光投向光束中的尘埃微粒，思考它运动的原因。

他们发现这个现象只有一种解释：微粒受到了原子的撞击。

1926 年，法国科学家让·巴蒂斯特·佩兰因为这个不可思议的推论获得了诺贝尔奖。说实在的，他应该与卢克莱修分享这个奖项。

简而言之：我们看到、闻到、尝到的所有事物都只不过是粒子的各种排列组合。就连牛放的屁也不例外。

本章要点

● 一切物质都是由**粒子**组成的。粒子一直在运动。

● 单位体积内的粒子越多，物质的**密度**就越大。**密度**是物质单位体积内的**质量**（质量的定义见第五章）。

● 某一体积的某种物体如果在 20℃时含有 10 亿个粒子，在 100℃时可能只含有 5 亿个粒子。温度越高，粒子运动得越快，粒子间的距离越大，物质的密度就越小。

● **固体**中的粒子紧密结合在一起，无法自由地运动。**液体**中的粒子相距较近，但它们没有固定的位置，运动比较自由。**气体**中的粒子相距很远，并且可以向各个方向高速运动。

● **温度**可以衡量物体内粒子的平均运动状态。

● 气体压力是所有气体粒子撞击容器内壁时产生的力的总和。

这就是物质的粒子理论。你觉得它还挺简单的？太好了，那再多学一点吧！每个章节的最后都为你准备了拓展栏目，来看一看更高深的物理知识吧！

你暂时不需要知道, 但可能感兴趣的事情:

等离子态

我已经懂了, 一切事物都是由粒子构成的。

当粒子间的距离很大时, 物质是气体; 当粒子间的距离比较小时, 物质是液体; 而当粒子靠得非常近、甚至结合在一起的时候, 物质就是固体。

完全正确。

这就是物质的所有状态。

不对。

唉, 请继续说。

还有等离子态。

什么是等离子态?

这是一种离子化的气态物质, 原子核在有延展性的电子海洋中漂流。

哦……嗯, 好吧, 那等离子态很少见吗?

不是哦。等离子态很可能是宇宙中最普遍的物质状态。

那为什么我从来没见过它呢？

你其实是见过的。霓虹灯中因高压电场而闪光的气体就处于等离子态。恒星上的物质也处于等离子态。

那等离子态是怎么样的一种状态呢？如果其他的物质状态取决于物质的温度，那等离子体的温度有多高？它比固体更冷吗？或者比气体更热？

通常是后者，但这不是区分等离子态的最佳方式。等离子体产生的原因是粒子本身发生了变化。

好吧。物质的粒子理论的核心思想是：粒子是组成物质的不可再分的单元，它们永远不会发生变化。

对。

但你刚才说粒子本身发生了变化？

是的。原子这种粒子是由电子、质子和中子（见第三章）这样更小的粒子组成的。

有些电子可以从原子中被剥离，成为在原子附近运动的自由电子，等离子体由此产生。它是一种性质非常奇特的物质。

它能发光，能导电，而且能在等离子电视上为你转播足球比赛。你甚至可以在微波炉里制造等离子体。

哇哦，怎么制造？

用一根燃烧的火柴、一个杯子和……嗯，说真的，你可别这么干。

如果你一定要尝试的话，你的微波炉坏了可别找我。

好的。我肯定不会在网上搜索如何在微波炉里制造神秘的等离子体火球。

因为这种做法非常危险，而且也根本不好玩。

很好。

这样的话，一切都说得通了。概括一下，物质有四种状态：固态、液态、气态和等离子态。

还有玻色-爱因斯坦凝聚态。

玻什么？这是什么？

物质的第五态。当你把玻色子冷却到超低温的时候……

等一下，我想问个问题。

什么？

我能在微波炉里创造这个玻什么态吗？

不能。

那就别提它了。

第二章

能 量

简 介
能 量

本章你将学习

- 能量的种类
- 能量守恒
- 效率
- 比热容
- 热的良导体与不良导体
- 功和功率

在你阅读本章之前：

任何有趣的事情发生时，一定有能量在变化。

能量可以加热物体，也可以让物体运动。生命、电视、阳光、摇滚乐、赛车、蜘蛛吃苍蝇……这些全都和能量有关。

物理学本身也和能量有关。

本章节讲的是能量如何从它的"临时家园"向另一个"临时家园"转移，比如能量从热能向动能或者势能转变。势能这个概念听起来有点难以理解，但是如果你体验过这种能量，你的看法就会改变。举个例子，你可以在一个苹果上感受到势能的存在：树上的苹果因为所处的高度具有势能，势能可以转化为让苹果运动的能量。因此苹果可以掉下来，砸在你的头上。

本章也会讲到能量如何储存和能量守恒。树上那个苹果的能量会以其他形式存在，直到天荒地老……

永动机

2017年夏天，一位英国科学家去世，给他的家人留下了一件令人烦恼的遗物——一个放在箱子里的自行车轮。几个月来，它一直在家里的壁炉架上转个不停，这家人不知道该拿它怎么办。

这是一台永动机。它之所以令人烦恼，是因为每个科学家都知道，永动机是不可能存在的。

然而永动机就在眼前——一台永远不需要充能，也永远不会停下来的机器。只要车轮还在转动，全世界的物理学家就都无地自容。

这位英国科学家就是戴维·琼斯博士。他在几十年前制造了这台机器，邀请大家来探究它的原理，但是没有人能说清楚车轮一直转动的原因。他也和所有科学家一样，知道永动机是不可能存在的。

他认为，这是一个绝妙的恶作剧。

戴维·琼斯博士

"永动机"

科学家认为永动机不可能存在的原因

宇宙中最重要的东西，也正是琼斯的自行车轮所戏弄的东西，就是能量。

在某种意义上，生命本身只不过是能量的转移：能量从太阳转移到植物中，然后转移到动物的身体中，再转移到另一种动物的身体中……直到进入你的身体。生存与以下两点有关：

> 1. 确保你摄入的能量足够你的消耗。用通俗一些的话说，摄入量不足就会挨饿。
>
> 2. 确保你自己不会被别的生物（比如狮子）当作一个行走的能量包（也就是把你当成它的盘中餐）。

能量的单位是焦耳。能量最重要的规则是：能量既不能被创造，也不能被摧毁，只能从一种形式转化为其他形式，或者从一个物体转移到别的物体。

风力发电机把流动的空气具有的动能转化为电能。接下来，这些电能可以沿着厨房里的电线进入微波炉，被转化为热能。

但在这个过程中，一些能量会被转化为没有什么用处的其他形式的能量。当发电机的叶片转动时，会发出声音，而且温度会略微上升——所有这些热能和声能都是被浪费的能量。微波炉加热食物时会发出声音，这也是能量的浪费。

让我们回到刚才那个自行车轮。当轮子转动的时候，它必定会把空气中的分子推开，于是自行车轮的动能就转化为空气分子的动能。

在车轮中心的轮轴上必定会有摩擦力的存在，它会让金属升温，因此，一部分动能就会转化为热能。

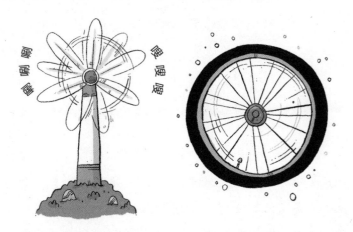

在机器的任一工作阶段，被转化为有用的能量（比如让纺车旋转的能量）的这一部分能量占总能量的百分比叫作**效率**。效率永远无法达到100%。

车轮不会一直转动

不管工人在制造车轮的时候有多么细致，车轮在转动时都会有动能的损耗。只要动能减少，车轮的转动就会变慢。如果它不会变慢，那就说明物理学定律是错误的，或者琼斯博士在这个装置上的某个地方藏了一个"能量源"。

造好这个车轮之后，琼斯博士就第一时间承认，车轮上有某种装置让它不停地转动，但他并不想告诉其他人这个装置是什么。

有人认为，这个车轮可以吸收太阳能；也有人认为，车轮上藏了一个电池；还有人猜测，在车轮边缘上有某种辐射源。

在琼斯博士去世前，他的车轮转动了 36 年，许多人试图弄清楚它的原理，但是这个谜题在上千次的猜想后仍然悬而未决。车轮在世界各地展览，接受大众与科学家的检查。他们可以使用任何仪器进行研究，只要不把它拆开、不让它停止转动就可以。

一切尝试都失败了。

那现在该怎么办？

去世之前，琼斯博士写了一封信交给了他的朋友，科学家马丁·波利亚科夫爵士。葬礼之后，马丁迫不及待地拆开了信封，兴奋地期待揭开车轮的秘密。

然而，问题又来了：琼斯的打印机似乎用光了墨水，信中对车轮的秘密解释到一半就戛然而止。

这个车轮目前由英国最高科学学术机构——英国皇家学会保管。学会中的科学家们还没有一个破解了这个车轮的谜题。

生命和能量的循环

从时间的开始到终结，能量既不能被创造，也不能被摧毁。

宇宙大爆炸的能量仍然分散在整个宇宙中。当年恐龙咀嚼树叶过程中的能量仍然存在，它已分散开来，散布在地球上，甚至超出了地球的疆界。

为了理解这个说法，我们需要知道的关键点是：这一能量已经从一种形式转化为其他多种形式。

六千五百万年前

地球上的所有生物并不知道，在大气层外，一颗小行星正高速向地球飞来。在靠近地球的过程中，小行星的速度逐渐增大。它高悬于地球的引力场中，因此具有很大的**势能**，这些势能被转化为**动能**。

植物可以在体内将来自太阳的光能转化为**化学能**，这个过程叫作光合作用。

势能：

势能是物体因为所在的位置而拥有的能量。如果你把一个皮球放到屋顶上，它就会拥有势能，因为它可以从屋顶落到地面。也就是说，它具有获得动能的可能性。

　　这颗小行星进入大气层，并且以每小时 7 万千米的速度高速运动。在这样的速度下，空气中的分子来不及为它让路，由此造成的摩擦力大得惊人，使得大气层的温度上升，也就是**动能被转化为热能**。

　　看，一头恐龙吃掉了这棵美味的植物，接收了**它的化学能**，并把它储存在自己的身体里。

化学能：

　　化学能就像是动物的能量电池。动物可以用脂肪存储化学能，这是储存能量以备不时之需的一种方式。

　　小行星撞上了地球，释放了相当于数十亿颗原子弹爆炸的能量。它带来了巨大的热能，造成了声势浩大的爆炸，甚至让岩石都变成了粉尘。小行星的**动能**转化成了**声能**和**热能**。

　　附近的这头恐龙并没有当场死亡，而是被爆炸的气浪抛到了空中，然后落在了远处的悬崖上，这简直是一个奇迹。这就意味着小行星的一部分动能转化成了这头恐龙的动能，接着又转化成了它的势能。物理学家把这种能量转化叫作对恐龙"**做功**"。

这一可怕的撞击产生的冲击波在大气层中传播，使空气中的分子振动，并且使附近的云层中出现电势。

电势：

当一片云层中积存了电荷，**电势**就出现了。与位于高处就可以获得的重力势能类似，电势能也是一种等待时机才能释放的能量——它可以被转化为某种有用的（或者危险的）能量形式。

这头恐龙的好运到头了。

这头恐龙被闪电击中了！在这一过程中，电势能被转化为电能。

这头恐龙生命中的最后一个动作是跑向悬崖边缘。当这头恐龙走向自己最终的命运时，它的双腿施加了力（见第五章有关牛顿力学的描述）。

和之前一样，恐龙跑向悬崖边缘这个过程中能量发生了转化。能量转化得越快，这头被吓坏了的恐龙的双腿的功率就越大。

功 = 被转化的能量。

功也等于力 × 位移

功率 = 功 ÷ 时间

到了悬崖边缘，恐龙的速度越来越快。当它从悬崖上掉落，迎接命定的死亡时，它的**重力势能**转化为**动能**。

恐龙沉到了海底，和小行星的碎片一起被淤泥覆盖，身体内储存化学能的脂肪被分解，形成原油*。

千百万年过去了，人类学会了如何直立行走、说话，并形成了复杂的社会。他们发现了石油，把它作为汽车的燃料，也就是把石油中的化学能转化为热能，然后转化为动能。他们也用石油制造像塑料这样的材料，也就是说，一些玩具恐龙中含有"真正的恐龙"。

*绝大部分原油由浮游生物这样不太引起我们注意的生物的残骸形成。但有些原油确实有可能来自恐龙。

能量的种类——简要回顾：

- **动能**：这是与运动相关的能量。

- **热能**：它与物体中粒子的运动速度有关——粒子的运动速度越快，这个物体就越热。

- **化学能**：这是储存在化学物质中的能量。我们可以通过燃烧等方式将化学物质中的化学能转化为热能。

- **势能**：将要转化为另一种形式（如动能）的能量。例如，当钟摆在摆动中到达最高点时，或者蹦极爱好者在蹦极中到达最高点（或者最低点）时，他们都拥有很快将转化为动能的势能。

- **电能**：电荷聚集产生的能量（见第四章）。

比热容

唯一曾经让温斯顿·丘吉尔感到恐惧的事物是德国潜艇。

1942 年，英国的食品储备正在慢慢耗尽。运输补给的船只在横渡大西洋时会遭到鱼雷的袭击，但是英国皇家空军无法保护

它们。大西洋太大了，战机无法携带足够的燃料，而战机燃料用尽后就会坠毁。因此，一旦战机的油箱空了一半，它们就必须返航，孤立无援的运输船只好听天由命。

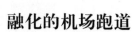

英国皇家空军需要一个可以漂浮在海上、永远不会沉没的机场。恰巧，英国科学家杰弗里·派克知道如何制造这样一个机场：利用冰以及两个物理学概念——比热容和比潜热。

融化的机场跑道

比热容看起来似乎非常复杂，但它是一个很简单的概念。我们可以用多种方式来描述它，比如某种物体存储热能的能力，或者这种物体变热或者变冷的速度，也就是说，加快或者减慢物体中原子的运动的难度。

测量需要多少能量才能让 1 千克的某种物质升温 1 摄氏度，就可以测量出这种物质的比热容。比热容的单位是焦耳/（千克·摄氏度）。

比潜热与比热容类似，但它描述的是某种物质在物态发生变化（比如从固体变为液体，或者从液体变为气体）时的性质，也就是 1 千克这种物质在这个转变过程中吸收或放出的能量。

热的良导体和不良导体

高比热容和低比热容

金属中有大量靠得很近的原子，它们很容易发生振动，从而传递能量。这样的物质叫作热的良导体，没有这种性质的物质叫作热的不良导体。金属的比热容也很小。

所以，如果你把一个金属烤盘放进烤箱，它很快就会变得滚烫，无法触碰。如果把它从烤箱里拿出来，几分钟后它的温度就会降低，我们就可以拿起它。金属烤盘能储存的热能不多，并且这些热能会被迅速地传输出去。

与此类似，如果你在寒冷的冬天舔金属滑雪杖，你的舌头会被冻在上面，因为温度较低的金属可以非常迅速地带走舌头上的热量。所以千万不要这样做！

与金属烤盘相比，陶瓷烤盘的比热容很高、热的传导性很差，需要比较长的时间才能升温，之后也需要比较长的时间才能降温。它能储存大量的热能，留住热能的时间也很长。

在热水（或者冷水）中

日常生活中比热容最高的物质之一是水。它能储存大量的热能，但也需要很长时间才能从冷变热。所以，像英国和日本这样四周环绕着海水的岛国，冬天不会太冷，夏天也不会太热。冰是比潜热最高的物质之一，在夏天冰川也不会全部融化。

事实上，冰在适当的条件下可以保存相当长的时间。一些地处沙漠的国家曾经考虑从南极把冰山运回来，作为饮用的淡水。大量科学计算表明，你可以把一座冰山从南极一直运到赤道，其间冰山只会损失一半的体积。

杰弗里·派克早在1942年就意识到了这一点。他认为，英国可以建造一座漂浮在大西洋中的"冰之岛"，它就像一艘不会下沉的航空母舰，让战机可以在大西洋上获得补给。而寒冷的北大西洋水域本身就需要很长的时间才能变暖，所以，在赢得这次战争前，"冰之岛"都不会融化。

英国海军已经山穷水尽，于是他们同意并实行了这个想法，这一计划的代号是……

哈巴库克计划

科学家们在加拿大进行了试验，用混入木浆加固的冰建造了一个长达 18 米的测试模型。当这个测试模型被展示给英国与美国的最高级官员时，每个人都对它印象深刻。

让这一次展示略显不足的是，来自英国的蒙巴顿勋爵对着这件模型开了一枪。模型具有很好的弹性，子弹在反弹后打中了美国海军作战部长。

英国并没有按照模型建造完整尺寸的"冰之岛"，并不是因为它无法发挥作用，而是因为它的造价过于昂贵。之后，随着英国取得了战争的胜利，哈巴库克计划也就被取消了。

而在加拿大，这个测试模型也被放弃甚至遗忘了，留下的只有一个缓慢融化的冰块，让我们看到了水令人惊叹的热力学性质。

冰块真的融化得非常慢。战争是在 1945 年结束的，2 年后冰块依然存在。

简而言之：能量让世界能够运转。实际上，正是 45 亿年前的一次能量大爆发，才让我们的地球开始了自转。

本章要点

- 能量既不能被创造，也不能被摧毁，只能被转化。

- 能量有不同的种类：**动能**、**热能**、**声能**、**化学能**、**光能**和**势能**······

- 如果我们将某种能量转化为另一种我们可以利用的形式，就会有能量损失。风力发电机并不能把风能全部转化为电能，一部分风能会以热能或者声能的形式被损耗掉。

- 某种物体转化能量的比率叫作**效率**。

- 比热容表示某种物质存储能量的能力。计算需要多少**焦耳**的能量，才能把 1 千克这种物质的温度提高 1 摄氏度，就能得出这种物质的比热容。

- 像金属这样的热的良导体很容易传导热量，也就是说，很快它的温度就会与周围环境的温度一致。

- 热的不良导体则与此相反。

- 力做的功就是能量的转移。我们也可以这样计算力做的功：力乘以沿着力的方向走过的距离。

- **功率**表示做功的快慢，也就是说，它等于力所做的功除以所用的时间。

你暂时不需要知道，但可能感兴趣的事情：

热力学第二定律

为什么我需要了解热力学第二定律？

说不定你会在聚会中遇到查尔斯·珀西·斯诺呢。

但我不想参加有他在的聚会。

好吧，假设你确实参加了一次有他在的聚会。

在他看来，聚会上的一些人似乎看不起科学家，还嘲笑科学家对文学了解不多，这让他很恼火。

于是，在他于1959年发表的著名演讲中……

等等，1959年？他现在还活着吗？

没有，怎么了？

那我就不可能参加有他在的聚会了，对吧？那我不就和第二定律没关系了？

你马上就会知道，没有谁能免受第二定律的影响。

他关于热力学第二定律的提问非常有名，说不定其他烦人的物理学家也会问你这个问题。

我可不想碰到这种事。要怎么样才能把他们挡回去呢？

1959 年，斯诺在演讲中说，他有时候会向一群人提问，想知道他们中有多少人可以说出热力学第二定律的定义。

他说："人们反应很冷淡，而且都答不上来。但这个问题在科学的领域内相当于我在问大家：'你们读过莎士比亚的著作吗？'"

不知道热力学第二定律，真的就相当于从来没有读过莎士比亚吗？这让我觉得自己有点傻。

或许不算傻，热力学第二定律还是挺难的。它的内容是这样的：随着时间的推移，事物会越来越混乱。也可以这样理解：让事物变得更加混乱的方式远远多于让事物变得更有序的方式。

就像我表弟的玩具房，从早到晚它会越来越乱？

确实很像。我们把玩具房里有序程度的降低叫作熵的增加。要让它恢复有序，就只能通过向系统中加入能量来实现。

就像你表弟的玩具房，需要他自己进去整理。

为什么热力学第二定律这么重要？为什么斯诺不能让我们安心地享受聚会上的美食呢？

热力学第二定律告诉我们，能量会变得越来越没用。

能量最初是以一种有序的形式开始的：一个旋转的车轮、一升汽油或者整齐地摆在架子上的玩具……然后它就会逐渐散开，变得乱七八糟。

以一升汽油为例，它会转化为引擎的噪声、汽车排气管散发的热量以及汽车的动能。

不可避免地，转化之后的能量形式就不太有用了。

热力学还有什么别的定律吗？为什么斯诺不用那些定律来打扰其他人？

别的定律要简单得多。热力学第一定律是：你无法凭空创造能量。而热力学第三定律是：你无法让物体降温到其中的原子完全停止运动的程度。

斯诺用一种简洁有力的方式描述这些定律：
1. 你赢不了；
2. 你没法不输不赢；
3. 你不能退出游戏。

这是什么意思？

从根本上说，热力学定律是让你不得不吃饭、工作和奋斗的原因。说到底，就是它们让你的生活充满艰辛。

第三章

辐射

简 介
辐 射

本章你将学习

- 原子结构
- 元素
- 同位素
- 放射性的种类
- 核能

在你阅读本章之前：

在我们理解物质本质的过程中，曾经发生过两次伟大的革命。

在第一次革命中，我们认识到，一切物质都是由叫作原子的粒子组成的。这就是我们在第一章中学到的物质的粒子理论。

本章将介绍第二次革命。在这次革命中，我们认识到，原子并不是完全不可分割的。

原子本身由更小的粒子组成。另外，在合适的条件下原子的核心会被撕裂，这些更小的粒子呼啸着射出，我们把这种现象叫作辐射。

当辐射发生时，新的原子就会出现，不同形式的核能也会被释放出来，接着，有时候奇怪的甚至非常可怕的事情就会发生……

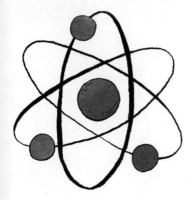

原　子

我们看到的一切几乎都是由虚空构成的。这本书、一大块铅锭，甚至你的身体，主要的组成部分都是虚空。

我们之所以能知道这一点，是因为在 1909 年，青年物理学家欧内斯特·马斯登接受了一项似乎毫无意义的任务。马斯登的导师，欧内斯特·卢瑟福，让他用氦粒子束轰击一张非常薄的金箔，然后观察氦粒子的运动轨迹。

原子理论有很多难以理解的地方。物质被分割到某个阶段会无法再分，因此一切物件都可以被简化为单个原子，这个理念并不通俗易懂。而且，正如你在第一章中读到的，当原子理论首次被提出时，大家都觉得它非常奇怪。

正是因为这两位欧内斯特，现在我们才可以知道，所有不可再分的原子本身几乎都是虚空的。这个结论比原子理论更加难以理解。

马斯登在实验室里观察到的现象证实了这一点。那一天的实验室里只有马斯登一个人，因为他是研究团队中资历最浅的成员。

几乎是虚空的原子

研究团队中的所有人都觉得，用氦粒子束轰击金箔时，不会有氦粒子发生偏转。

与绝大多数科学家一样，他们推测，原子中所有地方都是一样的。就像土豆一样，在原子中物质均匀地分布，没有孔洞，也没有比其他部位密度更大的地方。用物理学术语来说，就是原子有"均匀密度"。

在实验中使用金箔，是因为黄金的延展性很好，金箔可以做得非常薄。科学家们认为，如果原子确实有均匀密度，则一切计算都说明，金箔（金原子像一排排紧紧靠在一起的苹果）对氦粒子毫无抵抗能力，后者将会穿过金箔继续前进。

出于科学的严谨性，尽管研究团队已经认定氦粒子不可能被弹回来，他们还是做了这个实验。

可惜的是，他们对科学的虔诚精神没有更进一步。马斯登的导师是著名的物理学家欧内斯特·卢瑟福，他不会浪费自己的时间，坐在房间里等待不可能发生的事情。于是，马斯登就独自坐在这里，见证了理论上不可能发生的奇迹。

绝大多数粒子确实穿过了金箔，但让马斯登大为吃惊的是，每过一段时间，总会有一个粒子被金箔撞回来，在他放置的荧光屏上激起闪光。

这完全不合理。正如卢瑟福后来所说："这就像是你向一张纸发射一发 15 英寸炮弹，结果炮弹被弹了回来，打中了你自己。"

卢瑟福重新进行了计算，结果得出了一项令人震惊的结论。

一个新的原子模型

产生这种现象的前提是，原子中必定有密度非常、非常大的部分。

金箔各处的密度并不相同，每个原子的质量集中于它的中心——一个密度极大、体积极小的带正电荷的小球，也就是原子核。

只有在这种情况下，金箔才能把一部分氦粒子弹回去。

其他击中原子核周围空间的粒子都会穿过金箔。这些粒子需要对抗的只不过是带负电荷而且几乎没有质量的电子。电子就像太阳系中的行星一样，围绕着中心的原子核旋转。极少数与原子核碰撞的粒子才会被弹回来，并击中荧光屏。

两位欧内斯特认识到了一些重要的事情：第一，他们发现了原子看起来像什么；第二，他们再次证明，有时最重要的科学问题是那些似乎已经有答案的问题；第三，青年欧内斯特看到了他的导师目瞪口呆的模样，他感受到了无穷的乐趣。

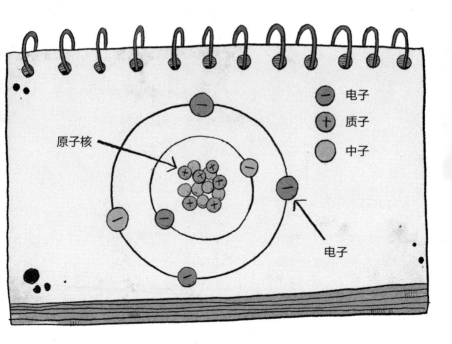

辐 射

　　如果你走进 20 世纪 20 年代的曼哈顿酒吧，你会发现最时髦的纽约人正在享受时下的最新潮流——在黑暗中发光的饮料。

　　在那个年代，人们不仅制造了黑暗中发光的饮料，还制造了在黑暗中发光的墨水、手表和奶油。另外，人们还使用在黑暗中发光的栓剂 * 来治疗敏感部位的疾病。

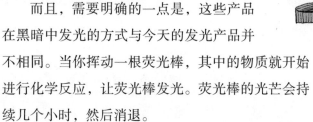

　　而且，需要明确的一点是，这些产品在黑暗中发光的方式与今天的发光产品并不相同。当你挥动一根荧光棒，其中的物质就开始进行化学反应，让荧光棒发光。荧光棒的光芒会持续几个小时，然后消退。

　　但那个年代的发光产品可以持续发光好多年。它们之所以能够做到这一点，是因为在此之前的一个令人吃惊的科学发现：有的金属似乎能够发出热和光。

　　这是为什么？

---

*如果你不知道什么是"栓剂"，"栓剂"该怎么使用，先别急着上网搜索答案。简单来说，人类身体上有两个明显的通道可以让药物进入，一个是嘴巴，另一个就是使用栓剂的地方。

无中生有的能量

这些金属的发现引出了一系列意义深远的问题。它们为什么会发光？光是能量，那么，这些能量从何而来？

能量不可能凭空产生，这是物理学中最重要的定律之一。难道它是错误的？

当然，在那个年代，公众以应有的敬畏接触这些材料，同时也对这些还不能解释其科学原理的事物倾注了必要的关注。

开玩笑啦。恰恰相反，人们发明了新奇的饮料，从身体上端的一个通道喝了进去；他们还发明了新奇的栓剂，从身体下端的另一个通道塞了进去。

在这段短暂的时期内，人们认为这些放射性物质不仅让人沉醉，还是能够带来健康的高端产品。广告商极力宣传，放射性饮料能够向人体注入能量。

之后，理所当然的，开始有人死去。

根本就不健康

广告商有一点说得倒是没错，让饮料发光的辐射确实是一种放出能量的形式。

放出的能量并非无中生有，它来自物质中的原子。

还记得前面说过的原子模型吗？其中，元素的种类是由它的原子序数（原子核中的质子数）决定的。

然而，同一种元素的原子核中，中子数可以不相同。例如，铀原子总是有 92 个质子，但有 146 个中子的铀原子就是铀-238，有 143 个中子的铀原子就是铀-235。这些不同的铀叫作**同位素**。

有些同位素根本不愿意存在于这个世界上。它们不稳定，总是在躁动，一心想变成别的什么东西——无趣的、不会在鸡尾酒中发光的、引人惊叹的东西。

这些同位素通过改变原子核完成这个变化：它们会甩出自己的一部分，直到稳定下来。

α 衰变

对某些放射性元素来说，让原子稳定的最快的方式就是 **α 衰变**：它们的原子核将丢掉由两个中子和两个质子组成的粒子。

被丢掉的这些粒子叫作 **α 粒子**。它们从原子核中高速射出，因为体积较大，所以很快就会被拦截——只要一张纸就可以了。如果它们来自某种栓剂，你的那个部位就可以拦截它们。

α 粒子相当于氦原子核，它有两个质子和两个中子，但是没有电子。

同位素是具有不同数量中子的同种元素的原子，与此类似，具有不同数量（与质子数不相等）电子的同种元素的原子叫作这种元素的离子。所以，α 粒子是一种没有电子的氦离子。

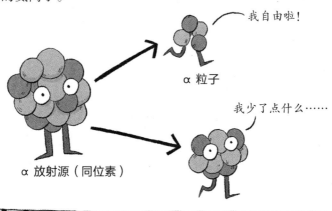

我自由啦！

α 粒子

我少了点什么……

α 放射源（同位素）

β 衰变

其他一些放射性元素会经历 β 衰变。

一个带有负电荷而且质量极小的电子悄悄地从原子里跑了出来，让原子核中的一个中子变成了带正电荷的质子，这就是 β 衰变。

与笨手笨脚的氦离子相比，电子更小、更灵活，所以 β 粒子被拦截之前会比 α 粒子走得更远。

如果 β 粒子来自塞入人体中的栓剂，它甚至可以从人体中逃出去*。

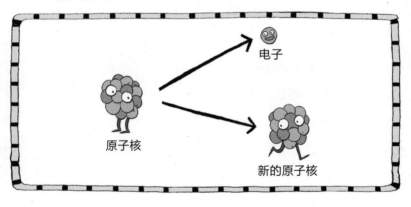

*一块略微厚一点的金属板一定可以挡下 β 辐射，所以，如果你穿上一套金属盔甲，就可以阻挡来自外部的 β 粒子。

但是，如果你使用有放射性的栓剂，并且总是穿着盔甲，你就会面临比长期的辐射影响更严重的问题。

γ 衰变

第三种，也是最后一种辐射，是 γ 辐射。它与其他两种辐射不同，因为进行 γ 衰变的原子不会放射出任何粒子，而是放出原子核中的能量。γ 辐射可以穿透你的身体，穿透覆盖你身体的盔甲，甚至可以穿透厚厚的铅板。

辐射能持续的时间非常重要，因为辐射在被拦截时会造成破坏，它会偷走电子，或者在不应该有电子的地方加上电子。

当人类暴露于 β 辐射或者 γ 辐射时，射线会穿过皮肤，对人类的器官造成损害。一旦出现了这种情况，这个人就可能会得癌症。

不过，α 辐射对人体几乎是无害的。α 射线会被皮肤拦截，人类的内脏就不会受到伤害。

但是当 α 放射源已经在身体里面的时候，代替皮肤拦截 α 射线的就是身体内部的器官。所以，将 α 放射源——一种镭的同位素放进饮料里喝下去，是非常糟糕的做法。

不幸的是，谁也没有把这一点告诉埃本·拜尔斯。

辐射病

  或许因为加入放射性物质的饮料过于昂贵，大多数人只把它当成一种新奇的事物，不会经常饮用。但拜尔斯先生太富裕了，而且他对这种最流行的发光饮料"镭神"（含有镭）特别着迷。三年间，他每天都要喝一杯。

  镭这种放射性元素慢慢地在他的体内积累，进入他的骨头，在他的身体里循环。一个又一个粒子的积累下，α辐射发挥了作用。他的颅骨出现了孔洞，甚至下巴都自行掉落了。最后，他死得很凄惨。

  拜尔斯先生被埋葬在包着铅板的棺材里，直到今天，他的尸骨中放射性饮料的残存物仍然在地下发出辐射，在今后的上千年内都不会消失。

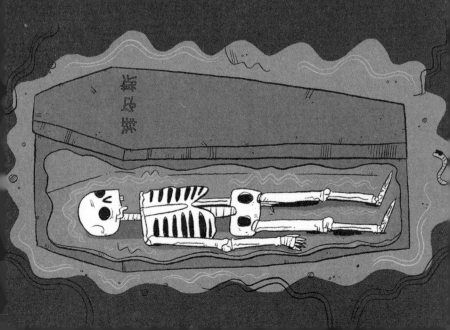

玛丽·居里

正是由于玛丽·居里的贡献，今天的我们才会知道镭这个元素。

玛丽·居里是世界上最伟大的科学家之一：她两次获得诺贝尔奖，发现了两种新元素，并提出了辐射这个概念。

尽管如此，她的同辈人从来没有让她忘记自己是个女人。仅仅因为她的性别，法国科学院就将她拒之门外。

不过玛丽·居里也做出了回应。当时美国在男女平等方面更为开明，1921年美国总统邀请她来到白宫，把美国开采的1克镭作为礼物送给了她。后来，法国人因为她没有在自己的祖国得到应有的荣誉而感到惭愧，为她颁发了法国荣誉军团勋章。但她拒绝了。

半衰期

放射性同位素的半衰期，就是其中一半原子发生衰变所需的时间。如果你有1000个镭原子，半衰期就是从现在起到剩下500个镭原子所用的时间——1600年。

这就是玛丽·居里受到放射性污染的实验室记录本至今还封存在铅盒里的原因。

有些同位素极不稳定，几乎不存在于这个世界上——它们的半衰期以千万亿分之一秒为计时单位。

有些同位素的半衰期则很长，比如碲–128。科学家发现，这种碲–128衰变得非常缓慢，其半衰期是宇宙当前年龄的159万亿倍。

核 能

如果你见证了一次超级武器造成的末日般的前所未有的爆炸，而你就是这种武器的制造者，这时你会说什么？

1945年，以罗伯特·奥本海默为首的科学家们制造了一颗原子弹。它可以利用原子核内的能量，造成毁灭性的大爆炸。美国后来又制造并投放了两枚原子弹，摧毁了日本的两座城市。

后来，奥本海默说，他对自己制造的这种武器充满敬畏。当他遥望第一次核试验的现场，目睹逐渐消退的闪光时，他想起了印度教经文中的字句："我现在成了死神，世界的毁灭者。"

就算这是奥本海默内心真实的想法，但他的兄弟弗兰克声称，当时他说出的第一句话要无趣得多："成功了！"

核裂变的原理

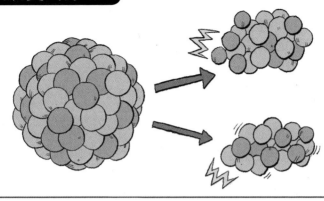

有时，铀-235 的原子会分裂为两个小一些的原子和几个中子，并放出能量。

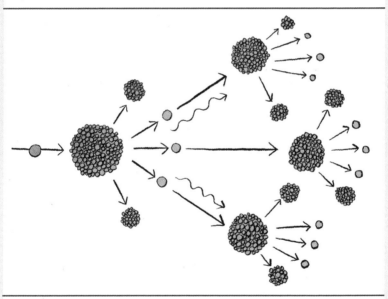

如果这些中子轰击其他铀-235 原子，这些铀原子就会发生同样的分裂。这就意味着，如果你能让这些铀原子足够靠近并满足适当的条件，一个铀原子分裂出的中子就会轰击其他的原子，这就形成了链式反应。

这就是原子弹的原理。第一颗用于战争的核弹配有一把"枪"，用来让两块铀撞到一起。

　　这两块铀猛烈地结合时，形成一种密度足够大的物质，继而引发链式反应，释放出大量中子、大量较小的原子和恐怖的能量。

　　后来科学家们研发了威力更加强大的武器。不利用使原子分裂的核裂变，而是利用另一种使原子聚合的反应——**核聚变**。核聚变能够产生更多的能量。

爱因斯坦发现了一个能够解释这一切的公式。这或许是世界上最著名的等式：

这个公式将能量与质量联系起来。这也是太阳能够放出能量的原因。这个公式说明，非常小的质量变化就可以释放庞大的能量，核反应就是例证。

在极高的温度和压力下，例如在太阳或者核弹内部，氢原子核可以聚合在一起，形成氦核。一个氦核的质量略小于作为原料的 2 个氢原子核的质量，这一质量差就是上述公式中的"m"。

为了认识到这一点质量损失可以释放何等庞大的能量，你需要知道"c"有多大。

在物理学中，"c"代表光速。光在 1 秒内可以前进 30 万千米，也就是说，在 1 秒内光可以围绕地球运行约 7 圈半。"c^2"就是 c 乘以 c，这个数字大得不可思议。

因此，太阳用不着损失多少质量就足以让地球保持现在这样适合人类生存的温度，让我们可以种植农作物，生存繁衍下去。

如果以另一种方式应用这些质量，产生的巨大能量也足以毁灭地球。

简而言之：不要把会发光的东西放到你的身体里。

本章要点

● 原子的中心是密度非常大的核，由中子和质子组成；质量几乎可以忽略不计的**电子**围绕着原子核旋转。

● 同一种**元素**的原子，质子数是相同的，但中子数可以有所不同。这就意味着，一种元素可以有不同的"版本"，它们的原子质量各不相同，这就是**同位素**。

● 如果说同位素是具有不同中子数的元素，那么离子就可以说是具有与质子数不同的电子数的粒子。

● 有些元素具有**放射性**，也就是说它们处于不稳定的状态，会发生衰变。

● 有三种衰变方式：α 衰变，在衰变过程中会放出氦核；β 衰变，在衰变过程中会放出电子，还有一个中子会转化为质子；γ 衰变，在衰变过程中会放出能量。

● 在同样的辐射量下，α 辐射会造成最严重的伤害，但最容易防护；γ 辐射造成的伤害最小，但最难防护；β 辐射在两者之间。

● 核能涉及原子的分裂（**核裂变**）和原子的结合（**核聚变**），这两种反应都可以把质量转化为能量。

你暂时不需要知道，但可能感兴趣的事情：
薛定谔的猫

哇，好温馨。

什么？

薛定谔有一只猫。原来举世闻名的物理学家也跟我们一样。

他没养猫。这只猫只存在于一个假想的实验中。

真好，在假想中他还想着养一只猫。他打算用这只猫做什么实验呢？

把它放进有一小瓶毒药的盒子里。

啊，他为什么要这么做？

为了证明现实具有矛盾的本质，以及将宏观与微观分开是徒劳的。

好吧。为了这个，就要让猫去送死吗？

不是这样的。重要的是，这只猫既不是活的，也不是死的。它失去了九条命中的其中一条，但与此同时，它的九条命都还在。

薛定谔认为……这是合乎逻辑的？

不，他认为这是荒谬的。

至少我和薛定谔在这一点上是一致的。那他为什么要提出这个假想中的实验呢？

在 20 世纪初，出现了一种新颖的物理学说——量子力学。

它对卢瑟福创造的原子模型进行了修正和补充。

电子这样的粒子并不像卢瑟福认为的那样只存在于一个地方，它们既是波又是粒子，以概率的形式分布在整个空间内。

嗯？

更简单的说法是：在同一时间，这些粒子存在于很多个地方。

我不会问其他更复杂的说法是什么。那么，为什么在我们眼中粒子只出现在一个地方呢？

当你观察某个粒子时，它处在固定的位置上。这是因为你观察这个粒子的行为把它固定在那里。

这太荒谬了。

当然，薛定谔也认为这种理论是有缺陷的。

一些物理学家尝试反驳他。这些物理学家认为，量子力学只能应用于非常小的事物，所以在宏观世界中可以不用考虑这些疯狂的理论。

薛定谔并不这样认为。他提出了这个假想实验，其中有一只猫——一个宏观事物。

请继续说。

假设你把这只猫放进一个盒子，盒子里有一种剂量非常非常小的放射性物质，还有一个与一小瓶毒药相连的辐射探测器。

为什么我要这么做？

因为我觉得猫就是邪恶的，它仇视你。你应该养狗。

开个玩笑。因为这是把微观物体（放射性物质的一个原子）和宏观物体（猫）联系起来的方式。

如果放射性物质中有一个原子发生衰变，辐射探测器就会被触发，从而释放毒药，猫就会被毒死。反之，猫就会活下去。

听起来挺简单的。

也不简单。只有打开盒子，才能观察这个原子，而根据量子力学，这个原子既是已经衰变了的，也是还没有衰变的。

因此，这只猫既是活的，也是死的。

所以说，根据量子力学，猫既可以是活的，也可以是死的？

不，很明显，一只猫不可能既是活的，也是死的。

猫的生死是物理学家愿意听取生物学家意见的少数问题之一。

这是否意味着量子力学是错误的？

绝对不是。量子力学是一个了不起的理论，它可以解释这个世界的许多问题。

但是，它不可能解释所有的问题，比如薛定谔的这只猫。如果某种理论声称一只猫既是活的也是死的，这时我们就需要重新审视物理学，而不是那只猫。

结论：千万不要给物理学家任何宠物！

第四章

电

简介
电

本章你将学习

- 电荷的定向移动形成电流
- 电流和电压
- 电阻
- 交流和直流
- 静电

在你阅读本章之前：

古人认为，电是由神明掌握着的神秘力量。这种令人畏惧的力量在宙斯挥手劈下的霹雳里，也在挥舞大锤的雷神索尔暴发的狂怒中。

现在我们知道，在某种程度上，这种力量并没有那么神秘。本书第三章介绍了组成原子的三种粒子——中子、质子和电子，其中电子似乎是最不重要的那一个。它的质量极小，在虚空中旋转，好像完全不存在一样。

但它自有其重要之处。当电子不在原子内部运动，而是在原子间运动时，就会发生令人吃惊的事情。

古人认为电是神明才有的力量，这种想法或许在某种程度上是正确的：因为在最终理解并驯服了电子之后，我们获得了就算是宙斯也会印象深刻的力量……

电　流

1746 年的一天，约 200 名修道士分散排列在直径约 500 米的圆周上，用铁丝连接在一起。他们突然哆嗦着发出痛苦的叫声，全身痉挛。

看着这一切，修道士让－安托万·诺莱笑了起来。正是他对这些修道士进行了电击，而且他对电击的效果非常满意。

他后来写道："看到这些人各种各样的姿态，听到他们在电击的瞬间发出的惊叫声，这种感觉真是奇特！"

这句话的关键词是"瞬间"，这也是让诺莱如此高兴的原因。

让－安托万·诺莱

电流的速度

诺莱想弄清楚，电流在这个圆周中环绕一圈需要多长时间？他知道，答案来自修道士痛苦的叫声。

这些修道士会依次遭受电击，一个接一个地喊叫，就如同回荡在修道院回廊中的回音？或者，他们会同时尖叫，200 声痛苦的哭喊交织成一片，仿佛他们遭受的痛苦堪比每天在布道中被警告的地狱之苦一般？

那一天，在修道院中，诺莱对这个有关电流的争论给出了他的答案。

历史记录中没有提及这些修道士对于电流有多少了解。诺莱让他们围成一个大圆圈，用金属丝将他们连在一起，然后用一块相当大的"电池"往他们身上通电。在这个事件之后，这些修道士很可能立刻理解了电流的概念。

那一天，当诺莱看到这一圈抽搐着的修道士时，他发现，电流在瞬间就走完一圈，在通过第一个修道士和最后一个修道士之间没有可以观察到的时间差。

就这样，通过 200 名困惑且恼怒的修道士的短暂痛苦，我们更进一步认识了日常生活中最神秘的现象之———电。

在之后的几百年里，我们逐渐知道了究竟是什么东西让加尔都西会修道院的修道士遭受了这样的痛苦。

是运动中的电子。

电流的本质

电子永远在运动，围绕着原子核旋转。但当它们以另一种井然有序的方式运动时，电流出现了。当然，电流的形成还需要另一个条件——电势差。

如果不用电池会怎么样？

在用水流类比来自电池的电流之后，我们可以继续这样理解来自电源插座的电流，但这两种电流间存在差异。

题外话：水流的类比

在我们继续了解那些被电击的修道士的情况之前，我们需要正确地理解电流是什么。最简单的方法之一就是用水流来进行类比。

❶ 电池就像水泵，可以把电子拉进"蓄水池"。

2 **电压**又叫**电势差**，它相当于蓄水池的高度。

> 在电池里，大量电子被拉到电池的一端，就像被高举的水一样，这些电子拼命地想要流回去。

电压使电子有运动的趋势。

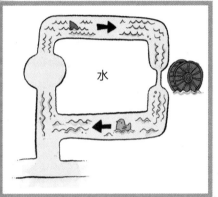
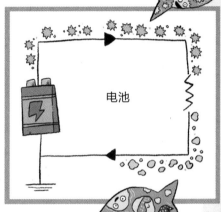

3 电阻就像被水流带动的水车，电子的能量在这里被转移到其他地方。水流在推动水车转动后会减速，同样地，在经过电阻后电子的能量也会减少。

4 水流的大小与流动着的水分子的数量有关，与此类似，电流的大小与流动着的电子的数量有关。

5 一条河流有时候会分成两条支流，然后再次合并。电路也同样如此。电路有时候也会分成两条支路，较大的电流会流向较容易的路径。对于水流来说，较容易的路径是更宽阔的河道，对于电流来说则是电阻较小的支路。
这就是所谓的**并联电路**中发生的事。

从电源插座流出的电流来自**发电机而**不是电池。与不断输送电子的电池不同，发电机就像高速往复运动的船桨，让电子先沿着一个方向运动，接着又沿另一个方向运动。

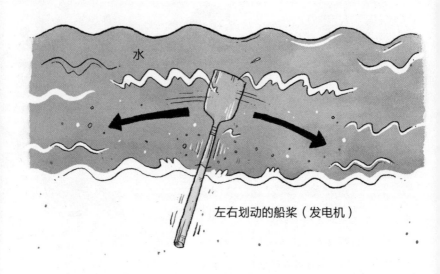

水

左右划动的船桨（发电机）

现在让我们回头看看那些修道士，他们围成一个圆圈，正在紧张地等待着诺莱的下一个动作。

诺莱的"电池"里积攒了大量电子，就像一座位于高山上的水库。像所有电池中的电子一样，这些电子一心想要回到电池的另一端。

要做到这一点，它们需要走过长长的道路，穿过所有被铁丝连接起来的修道士的身体。

电子是怎样移动的呢？

如果能够选择，电子更喜欢沿着金属丝移动，而不是穿过修道士的身体。

电子可以在原子间跳动：电子将跳进第一个原子的内部，取代这个原子的一个电子，被取代的这个电子接着跳进第二个原子的内部……以此类推。

但仅仅这样并不会让修道士"跳舞"。

来自电池的一个电子可以取代金属丝中第一个原子的一个电子，而被取代的这个电子会取代金属丝中第二个原

金属丝中的电子

子中的一个电子，然后是第三个原子、第四个原子……

但是，如果最后一个电子无处可去，金属丝中会出现电子的交通堵塞，这一切就都不可能实现。

诺莱知道，解决的办法就是将金属丝连接成一个圆形，也就是电路。这样最后一个电子就可以进入电池，被输送到电池的另一端，然后重新开始行程。

当大量的电子进行这种运动时，就形成了所谓的**电流**。但是，如果一条电路中只有金属丝，甚至连一个修道士都没有，这样是行不通的。

因为毫无阻碍的话，巨大的电流会从电池中奔腾而出，把电路烧得滚烫。这就是危险的短路。

所以我们需要电阻。电阻是电子需要做功才能通过的"关卡"。有的电阻在电流通过时会产生热量，这就是电热器。有的电阻在电流通过时会发光，这就是电灯泡。

还有的时候，如果你选择了非常特殊的电阻，就是那种比较柔软的，还穿着修道士服装的人体电阻，在电流通过时他们会发出尖叫声。

非常快，也非常慢

电流看上去是瞬息即至的，但单个的电子运动得非常慢。在一根与电池相连的标准铜导线上，一个电子需要大约 3 分钟才能运动 1 厘米。

只要按下开关，电灯就会发光，这并不是因为每个电子都运动得很快，而是因为每个电子都是"链"的一部分，能够推动紧靠着它的下一个电子运动。

避雷针

罗伊·沙利文是美国的一名公园管理员。在他的后半生，他被称作"人形避雷针"，因为他七次遭受雷击，却都奇迹般地生还。

最后一次遭受雷击时，他的运气尤其糟糕。醒来时，他发现自己的头发正在燃烧，还有一头熊正在偷吃他的食物。

罗伊·沙利文经历的是静电的极端形式。日常生活中你也会遇到静电：如果你用气球摩擦毛衣，一些电子会发生转移，气球就会携带电荷，因此气球可以粘在墙上不掉下来。

如果大量的电子聚集在某个地方，比如一团云中，这就是更大规模的静电现象。这也是沙利文经受的雷击产生的原因。

沙利文感觉自己受到了诅咒。"我和一群人站在一起，闪电还是会找到我。我太讨厌闪电了。"他闷闷不乐地说。

沙利文的朋友们完全同意他的说法。每当暴风雨来临，他们就会机智地远离他。

电流之战

　　1888 年，二十几个最有声望的纽约市民聚集在一起，观看一只狗喝水。

　　但这只狗不肯喝水。每当有人把它拉到碗边，它都会退后。它非常激烈地抵抗，结果把拴着它的狗链子都扯断了。

　　最后，这只被吓坏了的狗试图从碗的上方跳过去。它的一只爪子踩进了碗里，水花四溅。这就足够了。

　　"狗的整个身子瞬间就扭曲了，"一位记者这样写道，"这只小小的卷毛狗倒地身亡。"

　　美国发明家托马斯·爱迪生在那碗水里接上了 1500 伏特的电压。

　　多年以来，爱迪生和他的团队电死了很多狗、猫、小牛，还有一匹马。

　　他们这样做，是因为爱迪生跟某个人打了个赌。为了赢得这个赌约，他们要说明有一种电流是有害的。

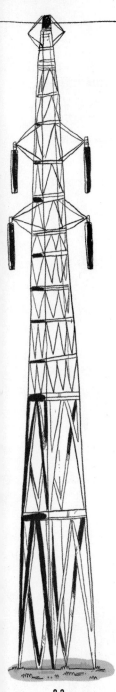

交流电和直流电

有两种不同类型的电流：

第一种电流是**直流电**，从我们身边的电池流出的就是这种电流。直流电路中，电流总是沿着一个方向运动。

第二种是**交流电**。交流电路中，电流不断地改变方向。我们可以从墙上的插座获得交流电。

交流电的优点是：我们可以轻松地改变它的形式。当交流电沿着电力塔传输的时候，我们可以把电压升得非常高，让它具有很高的电势和较低的电流强度，电流中就没有特别多的电子。

电流强度越低，在电线上损失的能量就越少，这样我们就可以用成本较低的形式传输电力。

然后，当交流电被传输到家庭时，我们就可以将它转化为低电压高电流的形式。

不幸的是，爱迪生的公司供应的是直流电，由于能量损耗，它的价格远远高于他的竞争对手威斯汀豪斯的公司供应的交流电。

于是，爱迪生试图证明他供应的电力更加安全。为此，他用交流电电击动物，来证明交流电的危险性。

他的论据有一半是正确的：对于一只口渴的狗来说，接通了 1500 伏特交流电的水确实是一个致命的惊吓，但如果接通的是 1500 伏特的直流电，结果不会有什么不同。

霸权争夺战

爱迪生与威斯汀豪斯之间的这场争斗被称作"电流之战"。这场战争变得越来越愚蠢。例如，直流电的拥护者非常认真地试图把"因触电死亡"定义为"被威斯汀豪斯处决"。

然后，最终的对决到来了。爱迪生的一个助手给威斯汀豪斯写了一封挑战信，要求进行一场电刑对决。

参加对决的人将在身体上接通他们支持的直流电或者交流电，电压会被缓慢升高，坚持到最后的人就是胜利者。

爱迪生

威斯汀豪斯

威斯汀豪斯不肯应战。

最终，爱迪生输掉了真正有意义的对决——为全世界供应电力。就算是一具被电焦了的马的尸体，也无法与经济学规律对抗。

交流电显然更好。

简而言之：电是人类的福音，却是修道士的灾祸。

本章要点

- 电子的定向移动形成**电流**。

- **电流强度**和**电压**是衡量电的物理量。

- 电流的大小与单位时间内通过导体横截面的电荷量有关。电压是电子流动的必要条件。

- 电灯泡、电热器和修道士在电路中都相当于电阻，它们让**电流**的运动变得困难。

- 有两种电流：交流电的方向一直在变化，我们可以从房间的插座获得**交流电**；直流电总是沿着同一个方向运动，电池可以产生**直流电**。

- 这两种电流都需要**电路**。

- 两种物体之间电子数量的不平衡是**静电**产生的原因，比如气球和毛衣之间，或者罗伊·沙利文和云层之间。

你暂时不需要知道，但可能感兴趣的事情：
半导体

这个我知道，它们就像超导体一样，但是更没有用。

绝对不是。半导体或许是20世纪最重要的发现。

那么，"半导体"的"半"是什么意思？

它的意思是，半导体的导电性没那么强。

那我说得没错呀，半导体没什么用。

但是，有时候一种导电性能不那么好的东西正是你所需要的，特别是当你想用电来解决问题的时候。

我一直用电来解决问题。比如说，照明，做饭。

我说的是这样的问题："明天的天气怎么样？""现在谁上了热搜？"

要解决这些问题，你就需要半导体，确切地说，是硅。

我们说的确实是不一样的问题。那么，硅是怎样让我们可以在漫长的无聊中刷着短视频消磨时间的呢？啊，我的意思是，硅是怎么帮助我们预测明天的天气的呢？

原谅我的啰嗦吧，问题有点复杂。

硅只能略微导电。硅原子能形成相当强的晶格，每个原子都与其他 4 个原子相连，其中的所有电子都无法移动。

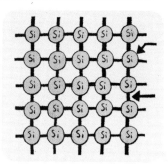

但是，如果我们在硅中掺进一丁点儿杂质，比如磷，情况就变了。磷原子的最外电子层有 5 个电子，这就说明，晶格中会出现一个可以随意游荡的自由电子。这就是 N 型硅。

如果我们掺进硅的杂质是最外层有3个电子的镓，晶格里就会出现一个可以容纳游荡电子的空穴。这就是P型硅。N型硅和P型硅都是电的良导体。

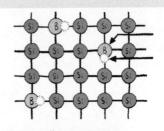

太棒了。就这样，我们用两种方法把硅转变成电的良导体。那为什么不在开始的时候就用电的良导体呢？

因为，当你把N型硅和P型硅连接起来的时候，奇迹就会发生。

把一小块N型硅放在另一块P型硅旁边，我们就做出了一个二极管。它只会让电流从一个方向通过。

我还是不明白这样做有什么用。

那么，你觉得P型硅"三明治"（NPN）会有什么性质？或者N型硅"三明治"（PNP）呢？

嗯，既然 NP 只能让电流从一个方向通过，PN 只能让电流从另一个方向通过，我猜 NPN 就完全不会让电流通过了？

完全正确！

好吧……

更妙的是，如果你有一块 NPN 或者 PNP "三明治"，你可以先让很小的电流从中间通过，然后这个元件就可以让较大的电流通过了。这就是一个开关，你可以把它做得非常小，实现精密的控制。

为什么我需要很小很精密的开关？

因为你可以把接通的开关当作"1"，把断开的开关当作"0"……这有没有让你想到什么？

等等，这不就是二进制吗？

是的，计算机语言。而且你可以用各种组合把这些开关连接在一起使用。比如说，你可以做一个"与门"，它可以接收两个输入值，只有当它们都是"接通"的时候才放电流通过。

也可以做一个"或门"，它也接收两个输入值，当其中有一个是"接通"时就放电流通过。

在二进制中，有电流通过就是"1"，没有就是"0"。

看起来，这离能够让我们获得整个世界讯息的智能手机还远着呢……不过，实际上大家更喜欢拿它刷朋友圈和短视频。

确实还很远。事实上，相差大约75年。但在20世纪50年代，只要有几个这样的"逻辑门"，计算机的计算就可以比人脑快得多、准确得多。

如果有几百万个这样的"逻辑门"，我们就可以尝试用第一台原始的超级计算机预测天气了。

而如果有几十上百亿个"逻辑门"，我们就可以把我们最好的时光浪费在研究明星们的绯闻八卦上了。

看来，你已经明白了！

第五章

牛顿力学

简介

牛顿力学

本章你将学习

- 牛顿运动定律
- 速率、速度和加速度
- 矢量与标量
- 重量与质量
- 胡克定律
- 力矩与杠杆

在你阅读本章之前：

往上抛的物体必然会掉下来；每一个作用力都有一个大小相等且方向相反的反作用力；如果物体沿某个方向前进，当它受到力的作用时才会改变运动状态……

牛顿的成果在今天的我们看来似乎显而易见，但在那个年代称得上是划时代的发现。牛顿通过他发现的运动定律，比之前的所有人都更清楚地认识到：宇宙遵守规则。

同样的规则规定了苹果如何落地、炮弹如何飞行、两个台球如何碰撞，也规定了行星、恒星和星系如何运动。

牛顿并非孤军作战，其他科学家也在探究物体运动规律的过程中做出了贡献。本章还介绍了首先由阿基米德提出的杠杆和力矩的理论，以及胡克提出的关于力如何拉伸弹性物体的理论。

但牛顿的贡献是最大的。他通过一个苹果看到了整个宇宙。在他出生的那个时代，人类相信魔法；当他离世的时候，人类理解了宇宙的规则。

牛 顿

17 世纪 60 年代的某一天，一位青年科学家决定探究眼睛看见东西的原理。所有工匠都知道，研究某个东西的第一步就是戳它。当然，绝大部分人都不愿意被戳眼睛。所以，艾萨克·牛顿戳的是唯一一个愿意的人——他自己。

他找了一根大针，用他自己的话说，"把它插到我的眼球和骨头之间，尽量贴近眼球最后端"。然后，他用力转了一下这根针。

牛顿对于得到的结果极为满意。"我看到了好几个白色、黑色和彩色的圆圈。"他在自己的笔记本中这样写道，还附上了一张详细的插图。

后来牛顿能够在光学领域中取得颠覆性的进展，一定程度上也要归功于这个实验。

但大部分人会忽略牛顿在光学领域中的成就，因为他也在数学、天文学和物体运动的研究中取得了颠覆性的进展。

牛顿是一个为了自己的研究不怕做出牺牲的人。据说他的性格也有一点古怪。要想"站在巨人的肩膀上看得更远"（牛顿语），或许这也是不可避免的。

想象一下：一只在空中飞过的足球，一个向地面下落的手机，一辆正在转弯的汽车。只有非同寻常的头脑才能够想到，有三条简单的定律可以解释所有这些物体的运动。

也只有不同寻常的头脑，才能够像牛顿一样，在微积分研究中证明我们可以把世界分为无穷小，最后得到数学领域中最强大的工具之一。

或许，只有相信魔法的人，才能从这一切中推导出引力定律。因为在那个时候，只有假设行星与恒星可以在相隔上亿千米的距离上即时对彼此施加力量，引力定律才解释得通。

但是，当牛顿完全转向神秘领域时，情况变得离奇了。

他花了多年时间，试图找到"哲人石"，即一种可以

将普通金属变为黄金的石头，同时也是一种长生不老药。

与此同时，他对圣经进行了严密的文字分析，试图找出关于世界末日的所有信息（如果你好奇的话，可以告诉你，牛顿以为是 2060 年）。

牛顿是现代社会的先导。也许正如经济学家约翰·梅纳德·凯恩斯所说，他"不仅是理性时代的先驱者，更是最后一位魔法师"。

牛顿爪动定律

牛顿有一只叫作钻石的小狗。据说，有一天它打翻了蜡烛，烧掉了牛顿积攒了 20 年的手稿。牛顿喊道："哦，钻石啊钻石，你这个小东西，你知道你干了什么坏事吗？"最后，牛顿原谅了它，还给了它一个拥抱。

牛顿运动定律

- **第一定律**：在不受外力作用的情况下，物体将保持自己的运动状态——或者静止，或者做匀速直线运动。
- **第二定律**：一个物体的加速度与它受到的力成正比。
- **第三定律**：每个作用力都有一个与其大小相等、方向相反的反作用力。

这些运动定律是牛顿定律里与苹果无关的部分，也是你最有可能听过的部分。

这里面有一部分说："每个作用力都有一个与它大小相等、方向相反的反作用力。"意思是说：如果你以力 X 撞上一面混凝土墙，那面墙将反过来对你施加一个 $-X$ 的作用力。

这就是牛顿第三定律。它不仅是我们撞上混凝土墙会疼痛的原因，也是火箭能够直冲云霄的原因。过去，大部分人认为，火箭能够运动，是因为它们在推动什么东西，或许是空气，或许是地面。

1919 年，罗伯特·戈达德发表了一篇题为《一种到达极端高度的方法》的论文，提议使用火箭进入太空。

《纽约时报》的记者们对这一想法嗤之以鼻。他们认为，太空中没有任何东西存在，火箭就没有办法推动某样物体来获得反作用力。

报纸上这样写道："戈达德教授不知道作用力与反作用力之间的关系，也不知道火箭需要推动某种比真空更适合的物体才能前进。"记者们认为，戈达德没有掌握"中学课堂上每天都会讲授的知识"。

实际上，现在中学课堂上讲授的知识与之完全相反。

火箭根本不需要推开某种物体就可以升入太空。它向一个方向高速排出气体，从而获得与气体的动量同样大小、方向相反的动量。如果你坐在一辆购物车里向后扔罐头，也能够演示同样的原理。

但你可能会被保安赶出超市。

牛顿第二定律与第一定律

刚才我们了解了牛顿第三定律，而另外两项定律同样至关重要。牛顿第一定律是这样的：一个物体会始终保持运动的状态，除非它受到外力的作用，比如说汽车撞上了一面墙。

牛顿第二定律让我们知道汽车撞上墙壁的时候会发生什么——物体速度变化的快慢（即**加速度**的大小）取决于物体的质量和它所受的力。

更广为人知的是牛顿第二定律的公式：$F = ma$。

在汽车与墙这个例子里，车前碰撞缓冲区变形得越厉害，汽车停下来需要的时间就越长，加速度就越小，事故对人体的冲击力和这个力造成的颈部损伤也就越小。

那戈达德后来怎么样了？美国国家航空航天局后来以戈达德的名字为一个太空飞行中心命名，而《纽约时报》在更晚的后来发表了一项更正："……进一步的研究和实验工作证实了艾萨克·牛顿的发现。"

牛顿第一定律

D 罐头被扔出来之后，它在另一个力——重力的作用下落向地面。

A 罐头一直处于静止状态，但在外力作用下，它的运动状态发生改变。

B 当罐头被扔出来的时候，它以某种速率运动。速率等于物体走过的距离除以物体走过这段距离所用的时间。

C 罐头也有速度，速度与速率相似，但速度有方向。速度等于在某个方向上物体走过的距离除以物体走过这段距离所用的时间。

A 罐头的质量乘以它被扔出来的瞬间的加速度，等于这个瞬间它受到的力。

B 加速度就是速度的变化率。假设罐头的质量是 0.5kg，加速度是 100m/s²，罐头受到的力就是 50N。这个大小的力足够把罐头扔出去了。

C 没有方向的物理量，比如速率、质量和温度，是标量。具有方向的物理量是矢量。

购物车的标量值：
质量：100kg
速率：现在还很小，但你正在尽可能快地往外扔罐头来提速
温度：20℃，当保安走近时会上升

矢量与标量

重量是矢量，而质量是标量。这就是宇航员在太空中可以没有重量，但质量还有且不变的原因。只有当引力存在时物体才有重量，重量的方向与引力一致。

在地球的表面，因为地球引力产生的加速度是 9.8m/s²，所以，地球上一个质量为 100kg 的人的重量是 100kg × 9.8m/s² = 980N，方向竖直向下。

牛顿第三定律

E 罐头掉到地面上的时候就会停止运动。为什么？这和购物车不会穿过地面的原因相同：地面会对罐头施加一个与重力大小相等、方向相反的力——又是牛顿第三定律。

A 每一个作用力，包括与罐头相关的作用力，都有一个与它大小相等、方向相反的反作用力。

B 所以，如果罐头是被50N的力朝某个方向扔出去的，那么购物车将会受到一个方向相反、大小为50N的力。

F = 50N

质量 = 100kg

因此加速度 = 0.5m/s²

D 罐头一旦被扔出去，它就会因为地球引力的作用而加速向下运动，这个加速度为9.8m/s²。

C 轮子与地面间存在摩擦，因此购物车的动能会以热能的形式损失（见第二章），购物车就会减速，所以你需要把更多的罐头扔出去。

动 量

A 假设你通过某种方式扔出了足够多的罐头，让购物车获得10m/s的速度。购物车的动量（质量乘以速度）就是100kg×10m/s=1000kg·m/s。

B 动量也是一种守恒的物理量。如果购物车撞上了另一辆静止的质量为100kg的购物车，然后两辆购物车连接在一起沿原来的方向继续运动，总动量仍然保持不变。两辆购物车的总质量为200kg，那么它们的共同速度为5m/s。

C 如果这两辆购物车接着又撞上了一位质量100kg的保安，你们的共同速度将降低为约3.33m/s。最后，这位保安就会对购物车施加一个新的力，把你推出超市的大门。

与鱼类有关的故事

牛顿认为，他的运动定律有一个巨大的缺陷：它们太简单了。他担心，这会让普通人也能读懂这些定律。为了让这种"可怕"的情况永远不会发生，他在书里煞费苦心地尽量把运动定律写得复杂一些。他说，这是为了"不被那些数学知识浅薄的人纠缠"。

牛顿差一点就成功躲开了"数学知识浅薄的人"。他想让英国皇家学会出版这本书。英国皇家学会是英国最权威的科学学术机构，直到今天还在运作。不幸的是，英国皇家学会刚刚出版了一本名为《鱼类的历史》的书，而且亏了一大笔钱。这本书的销量远远低于预期，在给员工发工资时，英国皇家学会只能用书代替现金。

因此，英国皇家学会理智地推断，如果他们无法让一本有关鱼类的书成为畅销书，那么出版一本摆明了不想讲清楚道理的书，更不可能成功。

好在有一位私人赞助者出面拯救了牛顿，出资帮助他出版了这本著作，也就是《自然哲学的数学原理》。

这本书成了人类崇高思想的一座纪念碑，也因刻意为之的晦涩乏味而成了人类小气性格的一座纪念碑。

但至少这本书的销量还是超过了《鱼类的历史》。

力矩和杠杆

当一大坨冒着热气的粪便飞向卡尔什特因城堡时，城堡的守卫者是否停止了对力和力矩的思考？

当臭气熏天的粪便团飞抵美妙的抛物线的弧顶，似乎悬停在中世纪波西米亚*的湛蓝天空中时，他们有没有花时间思考投石机力量平衡的精妙与简洁之道？

只怕未必。他们更想做的事情应该是躲到粪便将要飞溅的范围之外。

尽管他们并不知道力矩的理论，但在 1422 年，那台为了让 2000 车粪便覆盖卡尔什特因城堡而部署的攻城机械——投石机，全靠这一理论才能精准地发射。

*编者注：卡尔什特因城堡是波西米亚地区的一个著名古堡。

中国人是投石机的发明者，他们在公元前 4 世纪就开始使用投石机，把燃烧着的原木抛向敌人。蒙古帝国横扫亚洲，便是借助了投石机的强大力量——把因黑死病死亡的人类的尸体抛入被围攻的城镇，让瘟疫到处肆虐。

1422 年，围攻卡尔什特因城堡的敌人决定使用投石机，让这座城堡成为疾病肆虐的污水坑。

投石机并不是大弹弓。它不像弓那样，用拉力让弓背弯曲。它甚至根本不使用有弹性的材料。

投石机之所以如此成功，是因为它比弓弩简单得多。它只是一个可以围绕支点转动的巨大的木臂，在较短的那一端放着一个重物，另一端就可以放上想要抛出的东西，比如因传染病死亡的人类尸体、粪便或者石头。

那么如何才能确定重物合适的重量，从而彻底击败你的敌人？这个时候，你需要计算力矩。

力矩并非真实存在的事物。它是一个有用的数学工具，帮助我们计算具有支点的东西（比如投石机、独轮手推车和杠杆）会如何运动。如果你用某个力把杠杆围绕支点抬起来或者压下去，这个力的力矩的大小等于力的大小乘以力的作用点与支点之间的距离。

如果重物的重量是1000N，距支点有1m远，那么它的力矩就是1000N·m。

如果要抛射出去的粪便炮弹的重量是200N，距支点有5m远，那么它的力矩也是1000N·m。也就是说，这台投石机将保持静止，总力矩为1000N·m − 1000N·m。

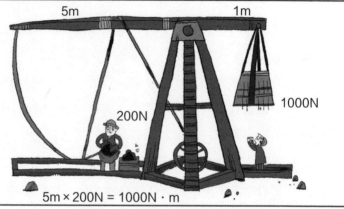

5m × 200N = 1000N·m

如果粪便炮弹的重量是400N，那么它的力矩为2000N·m。此时投石机会转动，但转动的方向是错误的。现在的净力矩为1000N·m。

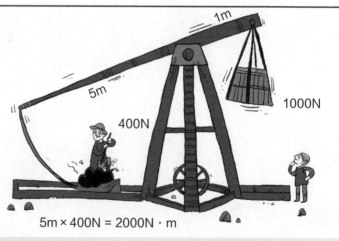

5m × 400N = 2000N·m

要想把粪便投到敌人的脸上，你可以减小粪便的重量（但这是胆小鬼的行为！），或者加大另一端重物的重量。如果换成2000N的重物，会出现这种情况：

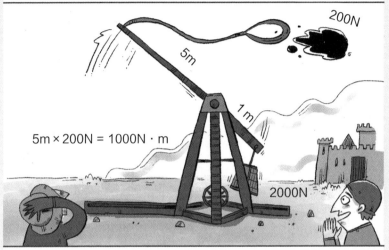

现在的转动力矩是2000N·m － 1000N·m。1000N·m的净力矩可以轻松地让粪便飞越城墙。干得好！

杠 杆

希腊数学家阿基米德说过这样一句话："给我一个支点，我就能用杠杆撬动地球。"

根据力矩的原理，我们不仅可以用重物把投石机上的"炮弹"发射出去，还可以用较小的重量（比如希腊数学家阿基米德本人的体重）撬动较大的重量（比如一颗行星）。

利用同一个等式，一个远离支点的力可以使距离支点很近的非常重的物体移动。

这就是杠杆原理，钳子、独轮手推车、撬棍和其他许多工具都运用了这一原理。

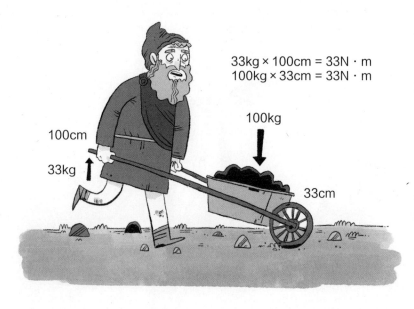

$$33kg \times 100cm = 33N \cdot m$$
$$100kg \times 33cm = 33N \cdot m$$

100kg

100cm

33kg

33cm

胡　克

迄今为止，我们没有发现过罗伯特·胡克的画像。历史学家猜测，是牛顿把它们都销毁了。

胡克和牛顿这两个科学家互相憎恨。第一次，他们因为光发生了争吵：一个人认为光是波，另一个人认为光是粒子。第二次，他们又因为引力发生了争吵：胡克声称，牛顿采纳了他的观点，但在著作中并没有提及他的贡献。

直到胡克去世之前，他都死守着英国皇家学会主席的职位，只是为了不让牛顿接替他。不幸的是，牛顿还是接任成了下一位主席，他上任后做的第一件事就是破坏前任主席的名声，可能还有他的画像。

我们没有证据来证明这件事的真实性，不过有一位学者说，牛顿有"动机、手段和机会"。

或者，正如另一位学者在谈到胡克的英国皇家学会画像时所说的那样："不相信牛顿会带着一盒火柴靠近它。"

但是，就算牛顿能破坏一幅油画，他也无法摧毁一种理论。胡克的科学成就依然流传于世，尤其是"胡克定律"：胡克声称，弹簧被拉长的长度正比于它受到的拉力。所以，如果你把 100g 的物体悬挂在弹簧的一端，弹簧被拉长的长度是 50g 物体悬挂时的两倍。

简而言之：牛顿——伟大的科学家、伟大的定律，不过你应该不想跟他一起吃饭。

本章要点

- **牛顿运动定律**是运动的物体遵循的规则。

  1. 物体在受到外力之前会保持静止或做匀速直线运动。

  2. 物体的加速度正比于它所受的力。

  3. 每一个作用力都有一个大小相等、方向相反的反作用力。

- **速率**等于物体走过的距离除以所用的时间。

- **速度**类似于速率，但它有方向。物体的速度等于位移（物体沿着某个方向走过的距离）除以所用的时间。

- **加速度**就是速度的变化率。

- **标量**是温度、速率和质量这类没有方向的物理量。

- **矢量**是加速度和力这类有方向的物理量。

- 一个物体的**动量**等于其质量乘以速度。动量是守恒的。

- **胡克定律**：弹簧的伸长量正比于它所受的拉力。

- **力矩**可以帮助你理解跷跷板、杠杆和投石机这类事物的工作原理。刚性杆上某一点的力矩等于该点与支点的距离乘以该点所受的力。

你暂时不需要知道, 但可能感兴趣的事情:
狭义相对论

有关牛顿定律, 我还需要知道什么?

> 我刚刚告诉你的一切都是错误的。

啊?

> 1905 年, 爱因斯坦提出了一项取代牛顿定律的新理论——狭义相对论 (special relativity)。

它有什么特别的地方?

> 它是人类思维能够结出的最出色的成果之一: 一个主要基于思维实验的理论, 开启了宏大的科学发现新时代。

不, 我的意思是, 为什么称它为"特别"(special) 相对论?

> 因为它没有考虑引力。在物理学中, 这是非常特别的。

我觉得这没什么特别的。

这是一次飞跃。它完全改变了我们对物理学的认识。

生活在维多利亚时代的人们认为物理学是很简单的。它建立在牛顿和伽利略提出的理论的基础上，为我们构建了一个整齐有序的宇宙。

举例来说，如果我以每小时 10 千米的速度奔跑，并向前投出一个速度为每小时 40 千米的球，那么这个球的速度为每小时 50 千米。

那么，狭义相对论是怎样改变这一切的呢？

爱因斯坦提出，这种说法并不完全正确。球的性质其实取决于观察者的身份——投球手……或者就是那个球。

在投球手的视角中，球在飞行过程中会收缩，而时间会略微变慢。

投球手会看到这样离奇的事情。但从球的视角来看，一切正常。

怎么会这样？

首先，你得知道爱因斯坦是怎么想到这一点的。它有一个看似非常简单的前提：物理学定律对于所有人和物都应该是一样的，无论他们相对于彼此在做什么样的运动。

假设你在一列火车中，手里拿着一个卷尺和一张报纸。如果你在运动时测量到的报纸长度大于你在静止时测量到的报纸长度，这就很离奇了。

当然，两个测量结果是相等的——物理学定律没有改变。到目前为止，一切还很简单。

卷尺、报纸跟光速怎么扯上关系的呢？

有些物理定律的成立依赖于光速的恒定，这些定律要在火车内和火车外都成立，则光速在火车内和火车外也须保持一致。

那这又为什么会让球收缩呢？

它没有让球收缩，关键在于……唉，这真的不容易解释。

球看上去好像收缩了，更准确地说，它的表观大小取决于谁在观察它，以及观察者与它的相对速度是多少。

假设这个被投出的球是朝着运动场的照明灯飞去的，它的速度是每小时 50 千米……

我以为你说的是……

正如我之前说的，球的速度大概是每小时 50 千米。那么灯光与球之间的相对速度是多少？

每小时 50 千米加上光速？

不对。灯光与球的相对速度仍然是光速。同样，灯光与投球手的相对速度也是光速。

就算投球手以二分之一的光速冲向运动场的照明灯，他与光束的相对速度仍然是光速。

要发生这样的事情，空间和时间就都必须是可变的。因为我们知道，$v=s/t$。

也就是说，爱因斯坦的理论可以这样理解：物体的速度增加时，物体就会变短，而且它经历的时间也被减慢了？

不完全正确。爱因斯坦是这样说的：投球手这样的观察者看到了物体变短、时间减慢这样的现象，但从球的视角看，一切正常。

谁的视角是对的？

都是对的。空间和时间这类物理量与观察它们的人有关。

如果我比光速还快呢？

你做不到。根据爱因斯坦提出的一些公式，要达到光速需要无穷大的能量。另外，如果你真的搞到了那么多能量，你本人看上去会收缩到无穷小。

那么，对于非科学家的大众来说，这一切有什么意义？

最重要的意义可能是：大部分人应该很难理解大部分物理学理论了。

第六章

波

简介

波

本章你将学习

- 波和能量传播
- 反射和折射
- 透镜
- 电磁波谱
- 黑体辐射

在你阅读本章之前：

波是宇宙中能量传播的形式。它是在物质间传播的振动，也是太阳射向地球的携带着热量的光。

本章节将会探讨波的运动与传播。

为了理解波，你需要理解**能量**（见第二章）。但波不仅仅是运动的能量，还是人类体验世界的方式。

当你听到马丁·路德·金在演讲中说到"我有一个梦想"时内心产生的震颤，当你看到春天的一朵鲜花时感到的由衷的喜悦，当你听到最喜欢的乐队演奏时体验到的兴奋……

这一切的发生是因为你的大脑已经进化到了这种程度：它能够对特定的波做出反应，发出相应的信号。

一次激起山呼海啸般欢呼的射门得分

毫不夸张地说，有时候足球队可以引发"地震"。

距离巴塞罗那队的主场不到 1 千米远的地方有一家地球科学研究所。研究所里有一台仪器，它能够告诉科学家们什么时候球场里有人射门得分。

它测量的并不是声音。观众的欢呼声在到达这台机器之前就已经消散到了无法检测的水平，但沿着大地传播的振动可以引起仪器指针的跳动。

就在球迷们跳起来庆祝的时刻，10 万双脚同时猛击地面。当他们坐下来的时候，10 万个屁股坐到座位上，产生了另一次稍小一些的冲击。

几秒钟之后，来自这些双脚和屁股的波通过大地传播出去，被研究所记录了下来。

研究所的科学家们已经成了阅读这些信号的行家里手，他们能够从中分辨主队赢球时的肆意欢庆和客队得分时的微弱欢呼。

他们还可以判断体育场是否被用来举办音乐会，而且

能分辨出观众是在跟着重金属摇滚狂舞，还是在加入流行乐的大合唱。

他们检测的是波。无论是声波、光波、无线电波还是下面说的地震波，它们都是运动中的能量（有时候是相当庞大的能量）。

里斯本地震

1755 年，葡萄牙的里斯本发生了一次可怕的地震。城市被夷为平地，数以万计的居民因地震丧生。

造成这一惨祸的地震波是运动中的能量。当地下的岩层相互碰撞时，地壳发生了剧烈的震动，大量的能量瞬间被释放出来。

能量必须有一个去处——它们不会停留在一个地方。所以，这些能量以波的形式传播出去。地震波与巴塞罗那队射门得分时引发的波是同一种类型。而当地震波在地层中传播时，它们让大地摇动。

这两种波中都有**横波**，横波的震动方向与传播方向垂直，比如上下振动，向左或向右传播。横波看起来就像海浪一样。

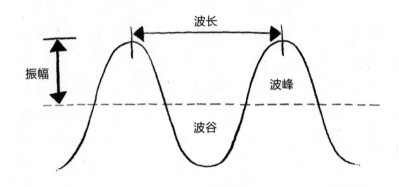

除了横波之外，这两种波中也有**纵波**。纵波的振动方向与传播方向相同或相反。

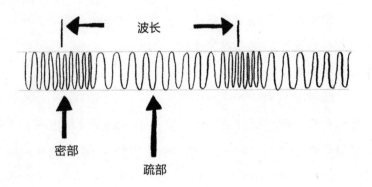

在地震过程中，还有许多种传播能量的方式。

里斯本大地的晃动，也使空气发生了振动，产生了声波，也就是说，人们听到了大地抖动和楼房开裂倒塌发出的轰隆巨响。

这次晃动还在海上激起了巨大的水波——海啸，这场海啸横扫大西洋。这个巨大的波在 1000 千米外的英格兰南部海岸登陆，在康沃尔郡居民们惊恐的目光下，冲毁了他们的家园。

他们中的大多数人永远不会知道巨浪从何而来，也不会猜到这只是在里斯本释放的恐怖能量中的一小丁点儿而已，它漂洋过海而来，如同一个来自葡萄牙的毁灭使者。

有用的波

波有的时候是致命的杀手，但是如果没有波，我们几乎什么都做不了。

从物理学的角度来看，波的意义在于传播能量。但波对于人类的意义大不相同，因为我们一直在利用波为自己服务。

在说话的时候，我们的喉咙会以振动的形式制造可控的小型能量爆发，使空气振动，产生声波。声波携带能量在空气中传播，到达听我们说话的人的耳边。

不同的声音有不同的**频率**（表示单位时间内经过某一点的波的数量），我们以此传递信息。

我们可以用眼睛"看到"来自太阳的能量。这种能量更广为人知的名称是光波，它们会被物质反射或吸收。

对于某些特定类型、具有特定频率的波，我们可以清楚地分辨出它们之间的微小区别，并给它们命名。

举例来说，如果某个乐音使空气分子每秒钟振动261.6次，我们就把它叫作"中央C"。

如果某个物体只反射一种光，而且这种光相邻的2个波峰之间的距离大约是570纳米，我们就可以说这个物体是黄色的。

如果这种黄色的物体上存在有规律的纹理，我们或许会认为它是皮毛。

如果它有四条腿，而且蹦蹦跳跳地向我们跑来，也许这个毛茸茸的黄色动物就是一只拉布拉多猎犬，我们可以让它舔舔我们的手。

把彩虹拆散

约翰·济慈是一位英国诗人，他喜欢用冗长的诗句描写秋天圆润多汁的果实，经常病恹恹*地在乡间散步，沉浸在忧郁的氛围里。

一天，出人意料的是，他决定扩大自己关注的范围，对他的祖国有史以来最伟大的科学家横加羞辱。

他宣称艾萨克·牛顿没有灵魂，因为牛顿在描述如何把光拆解为各个组成部分时，"拆散了彩虹"。

*至少，在准备 A-level 考试（类似于中国的高考）的高中生眼里，济慈就是这样的形象——虽然并不十分客观。

牛顿用冷冰冰的物理学计算扯下了自然现象的神秘外衣，他证明了彩虹缥缈超凡的美丽其实是光的折射角度的不同带来的。

我们可以想象，如果牛顿还活着，他温柔地坐下来，告诉济慈"亲爱的，你错了"，并试着说服济慈："如果你了解了彩虹的形成原理，它的美丽将更加耀眼。"

想象很美好。但是很显然，这不可能发生。如前面我们了解到的，牛顿性格古怪：他不喜欢大多数人，而且也非常不愿意向别人解释自己的研究成果，甚至特意把它们写得非常晦涩，就连许多数学家也难以理解。

而且，很显然，济慈——这位宣布"'美即是真，真即是美，'这就包括／你们所知道、和该知道的一切"的诗人，不可能耐心去想，自己不仅该知道美，还应该知道……角度。

不管怎样，我们还是想象一下他们真的有这么一次对话吧。那他们会怎么拆散彩虹呢？事实证明，要拆散彩虹，需要学习一些关于波的重要概念。

　　光在水中的传播速度小于在空气中的传播速度，这就意味着，只要光线不是垂直入射水中，就会发生"折射"，也就是传播方向发生改变。

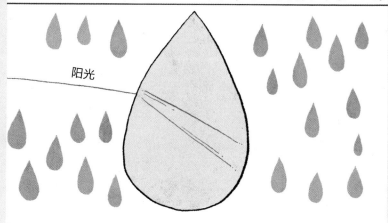

　　但一束白光实际上是由多种不同波长的光（从红光到紫光）组成的，这些不同波长的光进入雨滴时发生偏折的程度也不同，比如红光偏折的程度比紫光小。因此进入雨滴的白光将会分散开，呈现出不同的颜色。

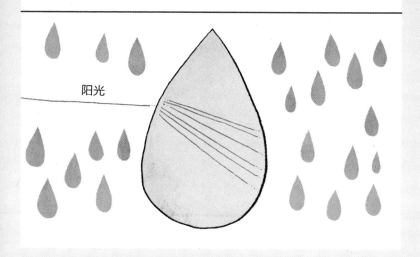

光不仅会发生折射，还会发生反射。这就意味着，光线射向一个界面时，会像在镜子上那样被反弹回去。这就是其中一些光线到达雨滴和空气之间的界面时发生的事情：这些光线不会穿过雨滴，而是会被反弹回来。

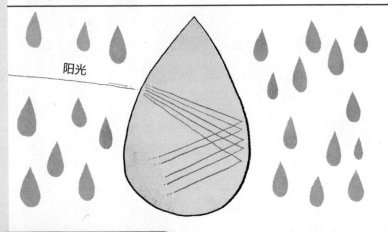

阳光

步骤 3　光离开雨滴

就像进入雨滴时一样，光在离开雨滴时再次折射，进一步分散为不同颜色的光。

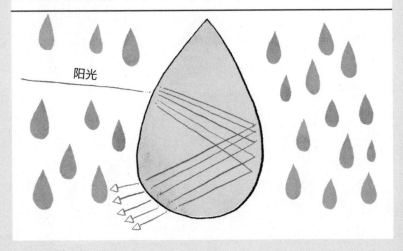

阳光

　　于是，每一颗雨滴都发出了一道迷你彩虹。那么，为什么你看到的只有一条半圆形彩虹，而不是布满整个天空的七彩虹光呢？

　　答案是，彩虹确实布满了天空，不过它的大部分光线没有射到你的眼睛里，只有少部分雨滴带给你一条彩虹——而且其中的每一滴只给了你一份颜色。

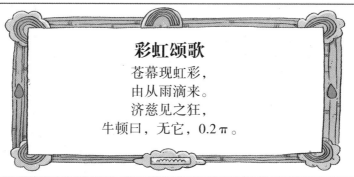

彩虹颂歌

苍幕现虹彩，
由从雨滴来。
济慈见之狂，
牛顿曰，无它，0.2π。

　　在一种叫作弧度制的角度计数方法中，0.2π 是 42 度的另一种说法（实际上 42 度约等于 0.23π，这里取近似数）。阳光入射进雨滴，经折射—反射—折射后形成彩虹，入射光线与出射光线之间的夹角就约为 42 度。

透　镜

1691 年，科学家罗伯特·波义耳坐了下来，对人类的未来做了一番预言。

其中包括：人类将"长到巨大的尺寸"，设计出"能在任何风向下航行的船只，和永不沉没的船只"（这两个预言中实现了一个）。另外，在这个时期，英国人因为一种新奇的饮料——茶而非常兴奋，因此他预言："人类用不着睡很长时间，茶的作用就是明证。"

第四个预言差不多是幻想："人类将制造出抛物线形和双曲线形的眼镜*。"

他认为，眼镜是中世纪最神奇的发明之一，会让每个需要它的人从中受益。

眼镜能够发挥作用是因为透镜。透镜能够巧妙地改变光的路径，弥补我们眼睛的缺陷。而透镜能够做到这一点是因为折射——光线经过雨滴时也会发生的事。

*编者注：如今常见的非球面眼镜片就属于波义耳所说的抛物线形和双曲线形眼镜片，而中世纪发明的眼镜采用的是球面镜片。

凹 透 镜

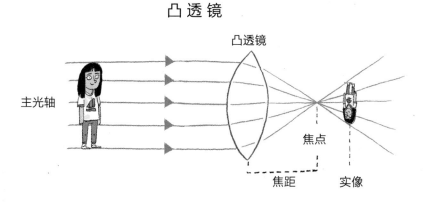

凹透镜能让通过它的光线发散。如果你在凹透镜的左边，那我们在右边透过凹透镜看你时，就会看到一个更瘦更矮的你。

凸 透 镜

凸透镜的作用与凹透镜相反，它能会聚光线。光线被凸透镜聚焦于一点后再交叉发散。如果你在凸透镜左边的两倍焦距以外的位置，我们会看到凸透镜右边出现一个玩倒立的、更瘦更矮的你；而当你不断走近凸透镜时，右边玩倒立的你会越变越大，直到模糊消失……

光的种类远远超过彩虹中显示的那些。我们看到的七种色光只是**电磁波谱**中很小的一段。

有些动物可以看到其他的波段：嗡嗡飞行的蜜蜂可以看到波长比任何可见光都要短的紫外线；蜿蜒爬行的蛇可以看到由热物体产生的波长较长的红外线，因此蛇能发现老鼠这样的温血动物。

电磁波谱中有些波段是任何动物都看不到的，但这并不意味着它们没有用处。其中有些波能为你加热食物，比如微波；有些波能让你在等着吃午饭时听音乐，比如波长更长的无线电波。

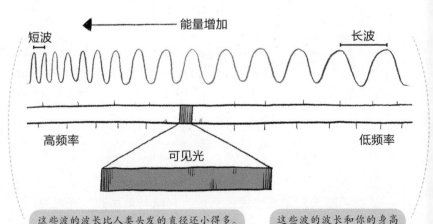

这些波的波长比人类头发的直径还小得多。医院里用于观察你的骨头的X光机是它们的应用之一。

这些波的波长和你的身高差不多。它们可以用于收音机和电视机广播。

不同物体能够吸收与发射的光的量各不相同。光的发射不同于光的反射，后者是光的直接反弹。被吸收的光会被转化为热能，而被发射出去的光通常是以红外线的形式传输出去。可以吸收电磁波谱内所有波段的物体叫作**黑体**。

这个名字并不只是一个比喻。天气炎热的时候，穿黑色 T 恤会让你觉得热，这是因为黑色的物体会吸收大量的光能。一个物体的温度是由它吸收的光与发射的光之间的差决定的。

物体越热，它发射的看不见的红外线就越多。在温度非常高的时候，它发射的甚至是可见光。因此我们有"红热"这种说法。

简而言之：波是能量传输的一种方式。

本章要点

- 波是运动的能量。它可以是**横波**（振动方向与传播方向垂直）或者**纵波**（沿着传播方向前后振动）。

- 波可以被物体反射。它也可以被物体折射，也就是说，当波进入不同的介质时，它的路径将发生变化。

- 光是一种**电磁波**。整个电磁波谱涵盖了从长波（比如无线电波）到短波（比如 γ 射线）的各种波，可见光只是其中的一部分。

- 我们可以利用折射定律，用透镜操纵光线。

- 物体的温度与它吸收和发射的电磁辐射之间的差有关。

你暂时不需要知道，但可能感兴趣的事情：
波粒二象性

想象你站在海滩上，看着海浪涌过来。

真是心旷神怡。听起来这次聊天会比我们之前的聊天愉快很多。

你看着一道波浪涌来，白色泡沫的浪尖越来越近……

嗯，很合理，波是有规律的，我了解波。

然后，就在这道波浪将要拍在海滩上时，它消失了，突然在一个点上化作一大团能量，并在沙滩上挖出一个大洞。

唉。

这就像光一样。

我觉得不像。

很遗憾，真的很像。

那你接着说吧。你或许会把我心里的光和海滩一起毁掉。

一千年来，物理学家们一直在争论有关光的问题。光究竟是粒子还是波？

波，当然是波。你已经用了差不多整整一章来描述它是波。

它确实是一种波。这很明显：它就像波一样，可以发生折射、反射、干涉。它有波长，像波一样波动。

总而言之，它的波动性很明显。

好，我们就此打住。

但有时候它也是粒子。

比如说，如果你对着一块太阳能电池板发射光，电池板能够将光转化成电能，只有当光是粒子时这种情况才能发生。光就像是独立、可计量的能量包。

事实上，它像来到海边却突然变成粒子的波浪。

那它到底是什么？是波还是粒子？

它是波也是粒子，取决于你在测量什么。

不可能，绝对不可能！这太荒谬了——光明显是波，你说它也是粒子，你咋不说由粒子构成的物质，其实也是波。

你悟出来了！

什么！？我悟出了什么？难道物质真的是波？

还有一件很明显的事：波浪通过水传播，而水也是由粒子组成的。

也就是说，组成波浪的粒子本身也是波？

那是由波组成的波浪？

完全正确！

我彻底搞不懂了。

很好，承认这一点，你就迈出了第一步。

获得诺贝尔物理学奖的理查德·费曼就曾经说过："如果你认为自己懂了量子力学，那你就不懂量子力学。"

嘿！这是不是说明，如果我说我不懂量子力学，我就和费曼一样聪明？

想得美。

第七章

电磁学

简 介

电磁学

本章你将学习

- 磁体
- 磁场
- 电磁铁
- 电动机和发电机

在你阅读本章之前：

在第一次见到磁铁的时候，罗马博物学家老普林尼说："还有什么现象比这更令人吃惊？自然还在什么地方表现得更加大胆？"

对于当时的老普林尼来说，世界的很大一部分还是神秘的。但是我们与他不同，我们可以用比他多得多的知识来理解磁铁以及磁铁的制备方法。

有些知识与第四章的内容有关。电流的周围存在磁场，我们可以利用这种现象制造电磁铁，以及更加强劲的发动机。

还有些知识与第五章的内容有关。磁铁之所以如此有用，是因为它能够施加力。

今天，磁铁在我们的日常生活中随处可见，比如冰箱贴。认为磁铁是神秘物质的想法似乎很荒谬。

或许这种想法并不荒谬。许多非常聪明的人对磁铁着迷又困惑，直到今天仍然如此。

磁铁的神奇

大约 1000 年前，中国宋朝朝廷主持编撰了一部兵书《武经总要》，其中记载了一种已投入实战的神奇装置——一条会指示方位的鱼。

将军们再也不用担心夜间行动，也不用担心在大雾天迷路，只需要有这条鱼的贴心服务。

使用这条鱼的方法非常简单：只要把它放进盛有大半碗水的碗里，它会漂在水面上，慢慢地转动，最终鱼头所指的方向就是南方。

这条鱼看起来就像会魔法一样神奇。实际上它的确很神奇——它能与地心产生联系，借助的是磁力。在将军们脚下 5000 千米左右的地方，就是地球磁化的核心。

这条鱼，其实是一块磁体，它会寻找吸引它的另一块磁体。它在水面上转呀转，直到调整到与地球的一条磁场线对齐，这条线从南极附近出发，延伸到鱼嘴上，再从鱼尾出发，延伸到北极附近。

它的原理是什么?

如果你觉得磁铁没有什么惊人之处,那是因为你还没有足够认真地探究它的奥秘。阿尔伯特·爱因斯坦是真正仔细探究过磁铁的人之一。

爱因斯坦一直记得自己四岁的时候看到指南针时的情景。他后来写道,那个指南针是对他的第一个暗示,让他相信,"在事物背后有某种隐藏得特别深的东西"。

一股无形的力把中国古代将军们那条磁化的鱼引向了地球深处,而爱因斯坦那根磁化的针将他引向了宇宙深处。

磁铁肯定没那么复杂吧?

你可能听过以下关于磁铁原理的解释:

磁性材料(你可能首先想到的是铁)内部存在着所谓的"磁畴",而这些磁畴就像小型磁铁,每一块都有着南极和北极,跟我们的地球一样。

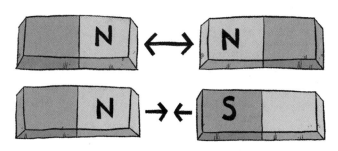

同性磁极相互排斥,异性磁极相互吸引。

每个磁畴也都会产生一个磁场，它的两个磁极也会排斥同性磁极，吸引异性磁极和其他磁性材料。

所有的磁畴组成了一整块磁性材料。这就像把一堆磁铁放在盒子里，如果这堆磁铁杂乱无序，朝着不同的方向，那么这块材料就不具备磁性，因为小磁铁们的磁力相互抵消了；但如果你拿出另一块磁力足够强的磁铁，贴在盒子上滑动，就会让盒子里的小磁铁们排列一致，朝向同一个方向，那么它们就有效地形成了一整块大磁铁。

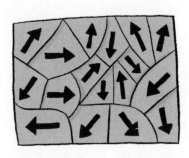 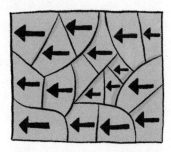

磁畴杂乱排列，磁性相互抵消。　　磁畴定向排列，材料获得磁性。

后面这个过程叫作"磁化"。现在我们把外面那块强磁铁拿走，如果这块大磁铁此后还一直保持有磁性，那它就被叫作"硬磁性材料"，也叫永磁性材料；而如果它的磁性消退了，那它就叫作"软磁性材料"。

所以，磁铁的原理就这么简单，对吗？

差不多吧。但就算你还不是一位逻辑学专家，你也能发现这个解释中存在缺陷，这也是为什么很多科学家还对磁铁着迷的原因。

如果你说磁铁就是由更小的磁铁组成，那么实际上你并没有解释清楚磁铁是什么。

关键是要弄清楚这些更小的磁铁——磁畴是什么，而这就难多了。

磁畴之所以存在，是因为磁畴中有大量原子，而在每一个原子中都有高速运动的电子。

这些电子本身就像小磁铁一样。而在一个磁畴中，所有的电子的运动方向基本一致，也就是说，这些飞速转动的电子可以共同形成一个磁场。

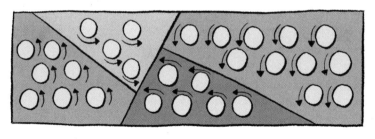

每个磁畴中的电子运动方向基本一致。

现在只剩下两个小问题了：

1. 为什么这些电子在磁性材料中会排列成磁畴？

2. 为什么电子像小磁铁？

这时候你也会意识到，刚才的解释其实也是在说"磁铁就是由更小的磁铁组成"，只不过是用更复杂的方式表述出来了。

电磁现象

以上对于磁铁原理的解释，充其量只说出了"指南鱼"会指南的原因中的一半。我们知道"指南鱼"有磁性，但为什么地球也有磁性？

为了弄清楚这个问题，你需要完全理解一种特别的磁现象——**电磁现象**。

在中国古代将军们的脚下，地核周围熔融的金属不停地流动着，到今天仍在不停地流动着。只要地球不停止转动，熔融金属的这种运动就不会停止。

这种运动产生了电流，因为电子在不断流动的金属热汤中旋转。科学家们已经意识到，电和磁实际上是同一现象的两个方面。

前面我们已经了解了，电子的同步运动会带来磁性。什么地方电子的运动最为同步呢？当然是在电流中，因此毫不奇怪电流周围存在磁力。

而假如电流环绕着一块铁（无论是 6000 ℃的地核还是一枚钉子）流动，那么就会有一种新的东西产生：电磁铁。

电磁铁有两个巨大的优点：它们可以比普通磁铁强大得多，这种强大还可以调节甚至关闭。因此如今我们在很多地方都能找到它们，从扬声器到医用扫描仪……

当然，前提是我们所说的电磁铁不是炽热的岩浆之海下的白热金属块。

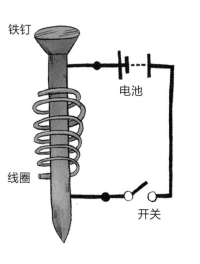

铁钉

电池

线圈

开关

动物的磁现象

我们并不是只能用指南针来辨别方向。有的时候，只需要一只急着上厕所的狗就行了。

科学家们知道，有些动物，比如家鸽，能够感知地球磁场，这应该就是它们能够在远距离的飞行中辨别方向的原因。

在 2014 年，一个研究团队宣称，狗也拥有这种感知地球磁场的能力。他们是通过观察狗的排便得出这一结论的。

在观察了 2000 次狗的排便之后，他们发现，狗在排便时更可能把屁股对齐南方或北方。

他们提出，狗保留了它们的祖先——狼的一些本领。狼在狩猎时需要跨越广阔的地区，因此他们猜想，狗应该也可以通过某种方式感知地球磁场。

因此，当狗内急时，它们就会多线程工作，一边排便，一边检查自己的方位。

当北方不再是北方

在 2014 年，英国地图上的北方移动了，英国地形测量局不得不修改他们绘制的所有地图，这是地形测量局成立220 多年来第一次做这样的事情，因为指南针已经不再指向地图上标识的方向了。

"地磁北极"与"地理北极"（地球上距离赤道最远的一点，也就是"北极点"）一直都略有差异。现在，"地磁北极"在移动。

在深深的地下，在包裹地核的岩浆旋涡中，某种变化正在发生。我们所在的这个行星的磁极正在变化，还没有人完全确定原因是什么。

或许地图上只是一个很小的修正，但地球可能发生更糟的事情。人们担心，地磁场可能正准备完全翻转。

我们知道这种翻转每隔几十万年就会发生，而且我们知道离上次翻转正好已经过去了几十万年，另外我们还知道，如果地磁场真的翻转，不仅会影响迁徙的候鸟和排便的狗，还会影响人类制造的依赖指南针的所有仪器。

电动机

La Jamais Contente 这句法语是"永不满足"的意思，也是一个永不满足的男人拥有的一辆车的名字。驾驶这辆车，这个男人连续打破了世界纪录。

他就是卡米耶·耶纳齐，蓄着红胡子，总穿着件红色的大衣。当他开着车飞驰而过时，留给人的是一个模糊的红色影子，因此他得到了一个"红魔鬼"的雅号。

他三次成为世界上最快的车手，而且在第三次成为时，他还打破了另一项世界纪录——在"永不满足"中，他跨过了时速 100km 的大关。

当时，这辆车的成功被归因于它的流线型外形——它基本上就是一个鱼雷装上了 4 个轮子，几乎没有人提到它达到惊人速度所依靠的动力来源——电。

毕竟，在 1900 年左右，所有最快的汽车都使用电能。干嘛不用呢？

当你拥有像电动机这样简洁至极的东西时，你怎么可能还用内燃机这种靠爆炸推动你前进的玩意儿。

电动机是人类发明的最优雅的机器之一。它的工作原理和电磁铁的工作原理一样，而且一样简单：电产生磁场。

❶ 在线圈中流动的电流会产生一个磁场，它与磁铁的磁场不一致，因此线圈有转动 180°，让这两个磁场的方向完全相同的趋势。

❷ 当线圈转动时，与线圈连接的**换向器**也一起转动。从电池两级连接出来的导线通过**电刷**与换向器接触，让电流流进线圈。

❸ 当线圈转过半圈时，原来与右边电路接触的那半边换向器就转到了左边。于是，线圈中的电流在反向流动。

❹ 这时，线圈又产生了与磁铁磁场不一致的磁场，所以线圈将继续旋转。

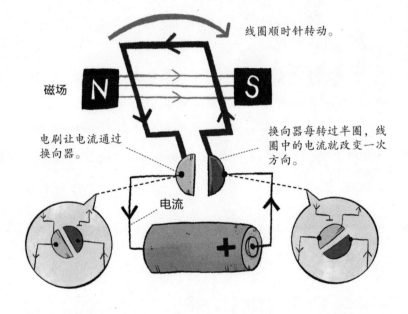

线圈顺时针转动。

磁场

电刷让电流通过换向器。

换向器每转过半圈，线圈中的电流就改变一次方向。

电流

只要理解了上面介绍的电动机原理，你也就理解了发电机的原理。电动机是将电能转化为线圈旋转的动能，而发电机正好反过来，它将线圈在磁铁磁场中旋转的动能转化为电能。那这些电能是怎么来的呢？**电磁感应**。

弗莱明左手定则

要想弄清楚通电导线在电动机中受到的力的方向，我们可以使用弗莱明左手定则*。

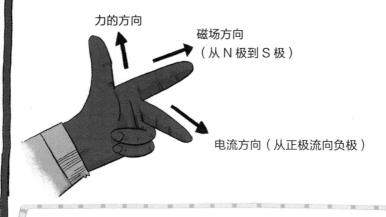

力的方向

磁场方向
（从N极到S极）

电流方向（从正极流向负极）

*其实用谁的左手都有效，不是非要用弗莱明的左手，毕竟……1945年去世的他，左手已经变成白骨了。

优雅却落败

既然电动机如此精妙出色，那为什么现在的汽车大部分还是"喝"汽油的呢？要知道，这种燃料对我们的肺和环境都有害。

问题的答案不在于发动机，而在于燃料。1千克汽油能提供的能量，是当时使用的1千克电池能提供的能量的100多倍。

即使在今天，尽管电池效率已大大提高，但汽油能提供的能量仍超过同等重量的电池能提供的能量的 40 倍。

就连靠电动汽车而出名的耶纳齐，后来也改用燃油车参赛。但他从未完全信任这种汽车——据说他曾预言，自己会死在梅赛德斯·奔驰车上。

但最后，带走他的并不是赛车。1913 年的一天，他和朋友外出打猎。他想跟朋友们开个玩笑，于是藏身在灌木丛中，突然发出野兽般的叫声。

他的恶作剧太成功了，朋友们吓了一大跳，以为真有一头野兽，朝着灌木丛就开了枪。当他们意识到不对后，马上找到中枪的耶纳齐，开车送他去医院。不幸的是，还没到医院，耶纳齐死在了车上。

什么车？梅赛德斯·奔驰。

> **简而言之**：磁铁是连接我们与地心深处、宇宙深处和原子结构的枢纽。在你连接磁吸扣和黑板时，它的表现也极好。

本章要点

- 磁铁有一个 **N 极** 和一个 **S 极**，这是由它的磁场方向决定的。同性磁极 **相斥**，异性磁极 **相吸**，这就意味着，一块磁铁的 N 极会被另一块磁铁的 S 极吸引。

- 磁铁会产生**磁场**，它会吸引铁这样的磁性材料。

- 这并不是磁场产生的唯一方式。电流也会产生磁场。

- 如果在一块磁性材料周围绕上线圈，就可以得到**电磁铁**。我们可以通过接通或断开线路中的电流，使电磁铁的磁性产生或消失。

- 通电导线在磁场中会受到力的作用。电动机就是利用这一原理工作的。电动机将电能转化为动能，与此相反，发电机将动能转化为电能。

你暂时不需要知道，但可能感兴趣的事情：

抗磁性

一天，在荷兰奈梅亨大学的一个实验室里，一位科学家将一只青蛙放进了一个大型电磁铁装置中，结果青蛙飘浮了起来。

哇，他肯定很吃惊！

一方面，从青蛙以往的经验来看，它肯定没有预料到有一天自己会飘起来；但另一方面，它毕竟是一只青蛙，谁能知道它有没有感到吃惊呢？

不不不，我的意思是，那位科学家肯定会很吃惊！

一点也不，这都在他的预料之中。

当发现那只青蛙具有磁性的时候，他一点都不惊讶吗？

一点都不。

那为什么这只青蛙会飘浮在空中呢？它吞下了一根铁钉吗？

因为青蛙有抗磁性。

什么磁性?

抗磁性。磁性其实非常少见,反而抗磁性要常见得多。抗磁性是一种电磁现象。

它是怎么产生的?

让我们想象一下,原子中的电子围绕着原子核旋转,旋转的电子在运动,运动的电子会……?

形成电流?

完全正确。运动的电子会产生微小的电流。现在,如果你把一块磁铁放在旁边。

也就是说,会有一道电流在……

……磁场里运动。

这就会产生力?

完全正确!这个力会排斥磁铁,所以青蛙就被举了起来。

除了青蛙之外，还有什么东西具有抗磁性？

任何带有运动着的电子的东西。或者可以这样说，所有物体都具有抗磁性。为什么我们没有注意到这一点？唯一的原因是作用力非常、非常小。所以，只有在极强的磁场中我们才会注意到这个力。

等等，所以，任何物体，比如一根胡萝卜或者一个苹果，也都具有抗磁性？

是的。

那为什么科学家们要去打扰一只青蛙呢？

因为更有趣啊。

第八章

宇宙学

简 介

宇宙学

本章你将学习

- 太阳系
- 恒星的生命周期
- 红移
- 轨道
- 宇宙大爆炸
- ……以及宇宙的命运!

在你阅读本章之前 :

"我们是谁?"美国天文学家卡尔·萨根这样问道,"我们发现,我们生活在一个无足轻重的行星上;这个行星,绕着一颗平凡无奇的恒星旋转;这颗恒星,迷失在一片星系之中;这片星系,隐藏在宇宙中某个被遗忘的角落里;而在这广袤宇宙空间里,星系比我们人类总数还多得多。"

宇宙辽阔无垠。它比人类想象的更加巨大，可能也更加奇怪。一想到它，我们就很容易感觉到：人类不仅无比渺小，而且茫然无助、无能为力……

或许正因为如此，这一章（也是本书最后一章）需要依靠你在前面的章节中学过的诸多知识。在本章中，当我们学习有关恒星、行星、红移和轨道以及一切曾经存在或者将会存在的事物的规律时，你可能需要回头翻阅前面的章节。

因为，要理解本章的内容，就意味着要理解物质的粒子理论、能量、波和一些有关辐射的知识。

当面对宇宙的浩瀚无涯与错综复杂时，我们可能会感到强烈的茫然无措。

但我们还有另一种更积极地看待宇宙的方式。正如天文学家乔瑟琳·贝尔·伯内尔所说，我们与宇宙并不是分离的。我们身体的绝大多数原子来源于恒星。

"我们的血管中流淌着恒星之尘，"乔瑟琳·贝尔·伯内尔说，"说到底，我们确实是恒星的孩子。"

太阳系

宇宙这个词囊括了我们知道的一切存在。

宇宙中绝大部分区域都是虚空，但在其中，你偶尔也会发现一些聚集在一起的有趣事物——星系。目前我们知道，宇宙中有约 2000 亿个星系。我们所在的星系叫作银河系。

星系中的大部分区域也是虚空，但是如果你在其中遨游，偶尔你会遇到燃烧着的庞大火球——恒星。大多数星系中有上亿颗恒星。

我们的恒星叫作太阳，围绕着它旋转的地球是太阳系的一部分。太阳系中的所有行星都被吸引在它的引力范围内。

你之前见到的有关太阳系的示意图差不多都是错误的。它们的错误在于：书本、海报甚至像教室那么长的巨大横幅都不够描述太空的广阔。

太空中虚空的区域实在太大了。而且，就连像行星和恒星这样不是虚空的部分，也都非常、非常大。

所以我们做了一些简化，我们对它们进行了压缩、整理，以便让我们小小的脑袋能理解广袤的宇宙，就像中国诗人冯至写的那样："给我狭窄的心，一个大的宇宙！"。

下面，让我们看一看太阳系示意图中的一些常见的错误。

1. 把所有的行星排成一条线。

太阳系中的行星并不在一条直线上。"八星连珠"的情况几乎不可能出现，如果真的出现了，那那些天天在媒体上大谈特谈星座运势的占星师们将兴奋得像超新星爆炸一样。

实际上，太阳系中的八颗行星就像在同一张黑胶唱片上一样，沿着各自的轨道旋转。

2. 把木星画得太小。

实际上木星非常大，足以装下 1300 个地球。在木星上有一个风暴气旋，就比地球直径还大，它已经形成数百年了。而且，木星的质量比其他行星加起来的总质量的两倍还要大。

这是一颗非常、非常大的行星。

3. 把太阳系中的行星挤在一起。

在太阳系的示意图中，地球与火星之间的距离通常被画得跟木星的直径差不多。

实际上，地球与火星之间的距离相当于500个木星紧挨着排成一列的长度。

4. 画到冥王星就结束了。

事实上，太阳系的范围远远超出冥王星，一直延伸到遥远又冰冷的奥尔特云。如果你正在家里阅读这本书，而

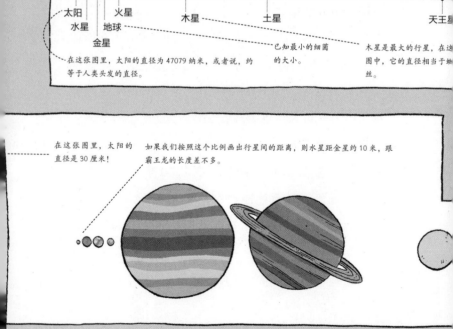

太阳　水星　火星　地球　金星　木星　土星　天王星

在这张图里，太阳的直径为47079纳米，或者说，约等于人类头发的直径。

已知最小的细菌的大小。

木星是最大的行星，在这图中，它的直径相当于蜘蛛丝。

在这张图里，太阳的直径是30厘米！

如果我们按照这个比例画出行星间的距离，则水星距金星约10米，跟霸王龙的长度差不多。

冥王星位于书页的边缘，那么奥尔特云将会在你的家门外，甚至说不定在马路中间。

我们到奥尔特云外边缘的距离，大约是我们到冥王星距离的 2000 倍。

下面，我们按照太阳系星体间距离的一致比例画了一张图，把主要的星体都画进了书页里。很刺激，对吧？

海王星　　　　　　　　　　　　　　　冥王星

冥王星是太阳系最小的行星（现在它被归类为矮行星），它在这张图中的大小跟一个病毒差不多。

从这个方向向前 500 米，就可以到达奥尔特云的外边缘。

这张图不够实用？那我们就再画一张，按照星体大小的一致比例来画，而且保证各个星体大到肉眼可见，但它们之间的距离我们就不得不用另一种比例来表示了。

你需要很多很多张纸，才能画出冥王星的真实位置——在这张图中它距木星有 1000 多米远。

冥王星的降级

一天，在自顾自地围绕太阳旋转了 40 亿年之后，冥王星突然不再是一颗行星了。

它并没有什么变化，变化了的是我们。国际天文学联合会武断地判定，冥王星没有独享自己的公转轨道，所以只是一颗"矮行星"。

"先驱者 10 号"

第一个飞出太阳系的航天器是"先驱者 10 号"。它于 1972 年发射，并在造访了小行星带和木星之后继续飞向深空。

美国国家航空航天局在"先驱者 10 号"中放了一张镀金盘，上面记录了一些有关地球和人类的基本信息。也许"先驱者 10 号"在航行几百万年后能够进入另一个星系，并被某个外星文明发现。

这一做法在当时引起了一次小小的争议，因为镀金盘上的人类图像是裸体的，这让一些人类（而不是可能会看到它的外星人）觉得不雅。

天王星

1781 年，天文学家威廉·赫歇尔发现了一颗新行星。他想以英国国王的名字——"乔治"为这颗行星命名。但是，人们认为这个名字并不适合一颗行星，于是这颗新行星得到了一个更适合的名字——天王星（Uranus），取自希腊神话中的第一代神王乌拉诺斯，他是第二代神王克洛诺斯（也就是罗马神话中的萨图恩，土星之名的来源）的爸爸、第三代神王宙斯（也就是罗马神话中的朱庇特，木星之名的来源）的爷爷。

轨　道

经验丰富的旅行者可以根据森林中细微的迹象辨别方向，树上的苔藓或者蜘蛛网的位置，都可以告诉他们哪边是北。

在城市里找不着北的旅行者也可以寻找类似的蛛丝马迹，其中最显眼的就是卫星天线。

卫星天线总是指向赤道。也就是说，如果你在北半球，它们指向南方；如果你在南半球，它们指向北方；而如果你在赤道上，它们指向天上，这时这方法就不太管用了——如果你不知道往天上该怎么走，那你就真的迷路了。

卫星天线为什么指向

赤道呢？因为太空中的电视卫星就在赤道上方，在那儿有所谓的"地球静止轨道"。

要想理解"地球静止轨道"是什么，我们就必须先弄清楚什么是轨道。

下落，但永远不会着陆

物体在轨道上并非真的没有重量，太空内仍然存在重力。

宇航员能够在太空中飘浮，并不是因为重力消失了，而是因为他们在自由落体。他们一直在自由落体，但永远不会落到地面上。

这听起来挺奇怪，但很容易理解——你只要记住地球是圆的就行了。

想象一下，你在山顶用力扔出一个球，非常用力地扔，同时想象没有空气阻力会让球减速。

这个球会飞得很远，但它最后还是会因为重力向地面坠落，最后落到地面上。

如果你力气再大些，让这个球飞得更快一点，它会飞得更远，并且在下落过程中轨迹弯曲以至于落在地平线以外。

最后，如果你用的力气足够大，这个球的下落轨迹将和地球的"弯曲"程度一样。它就会绕地球飞行一圈，最后打在你的后脑勺上。

这就是轨道（通常不会让你的脑袋受伤）。

现在让我们回到电视卫星。它们就像被扔出的那个球一样围绕地球旋转，飞过我们的头顶。

想一想吧，如果卫星天线必须时刻对准天上的卫星，就像向日葵追随太阳一样"转头"，那就太麻烦了。

但它们不用这样。电视卫星做了一件非常聪明的事情——在到达适当的高度后，它们转完一圈的时间是 24 小时。还有一个物体转完一圈的时间也是 24 小时，那就是我们的地球。地球除了绕太阳公转，也会绕着地轴自转，自转一圈就是一天——24 小时。

也就是说，电视卫星在赤道上空转动的速度与地球自转的速度完全相同，它们相对地面静止不动。所以卫星天线只要一直指向天上那个位置就行了。天上的卫星在动，地上的我们也一样。

事实上，一切物体都在轨道中旋转。卫星围绕我们旋转，我们围绕太阳旋转，太阳和银河系中的其他恒星围绕银河系的中心旋转，直到宇宙终结。

或者说，直到这些恒星爆炸，何时爆炸取决于它们的大小……

恒星的生命周期

是恒星让宇宙有了意义。

我们知道，恒星为生命的延续提供了光和热。同时它们也做了另一件同样重要的事情，但这件事情却在恒星耀眼光芒的掩盖下鲜为人知。

恒星创造了元素，让生命有了存在的基础。

在这本书纸张中的碳元素，在你体内流淌着的血液中的铁元素，在你每一个细胞的 DNA 中的氮元素，在你翻动书页的手指骨头里的钙元素——所有这些元素，都来自几十亿年前死去的一颗恒星。

也很可能来自多颗恒星。你的存在是因为恒星的死亡。但在谈论死亡之前，我们先谈谈诞生。

恒星的诞生

恒星的生命开始于数万亿粒子的松散集合，它们因彼此间的引力而聚集。

它们在聚集时，开始自转，同时围绕着整个集合的中心旋转；并且彼此间靠得越来越近，也变得越来越热。直到温度上升到一定程度时，核聚变开始发生。

就在此刻，最简单、最轻、最常见的氢元素的原子核结合到一起，形成氦原子核。

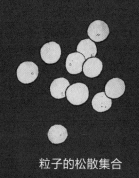

粒子的松散集合

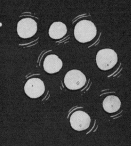

自转中的粒子

尤其重要的一点是，一个氦原子核的质量比生成它的2个氢原子核质量小一丁点儿，这个一丁点儿的比例是0.71%，但丢失的这些微小的质量会转化为巨大的能量。

　　对于一些较小的恒星，比如我们的太阳，这个过程将决定它们最终的命运。

　　它们不断地将氢合成为氦，然后，当氢元素耗尽时，它们会迅速膨胀为红巨星，最后优雅地接受它们最终的命运：成为一颗小小的、昏暗的白矮星。

白矮星

彗星

恒星的一生

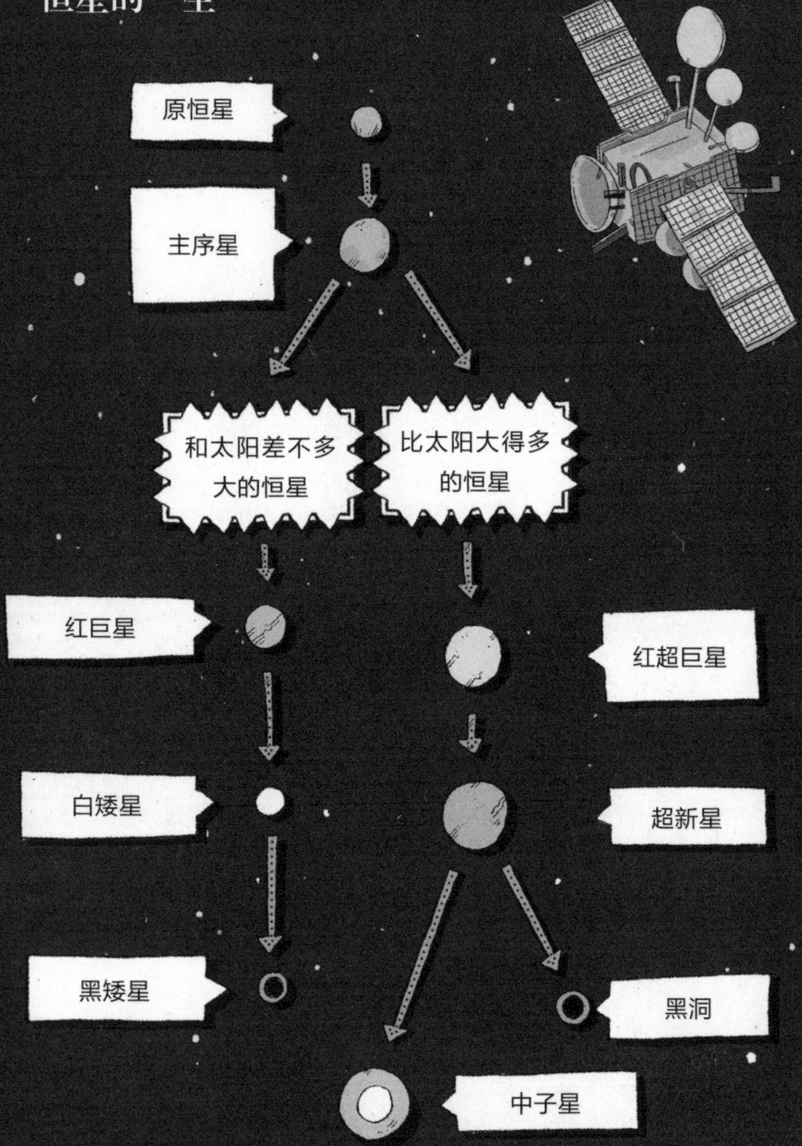

原恒星

主序星

和太阳差不多大的恒星

比太阳大得多的恒星

红巨星

红超巨星

白矮星

超新星

黑矮星

黑洞

中子星

题外话：恒星术语表

● **主序星**：和太阳相似的一类恒星。它们正忙着把氢转化为氦。

● **红巨星**：形如其名，它们是又红又大的恒星。红巨星用完了其核心部分的氢，现在只能靠外核层中的少量氢维持核聚变反应。

● **白矮星**：白而小的恒星——物理学家喜欢直白的命名方式。白矮星已经不再有燃料了，因此它们在非常缓慢地冷却。白矮星就是红巨星的核心部分。

● **中子星**：非常大的恒星坍缩之后的残骸，直径大多在20千米左右。它们的密度极大，一立方厘米的中子星物质质量就上亿吨。

● **黑洞**：有些像中子星，但密度更大，引力也更大，大到连光都无法逃脱。黑洞是我们的物理学止步的地方，它是时空中的无底洞，它会吸入物质并将其压缩成密度无限大的一个点。所以，不要掉进黑洞里。

恒星的死亡

"逐渐冷却成为白矮星"听起来似乎是一条平静的道路，但对于生活在行星上的所有生物来说，这个过程绝不平静。

邻近的行星都将消失在这颗星球不断膨胀的身体中，

就像即将被岩浆吞没的蚂蚁一样只能发出短暂几句嘶嘶声，聊作无可奈何的抗议。

然而，与体积更大的恒星的死亡相比，这还算不了什么。

体积更大的恒星在耗尽氢燃料之后，将变成超新星。这是宇宙中最大的灾变之一，它们的短暂燃烧会发出相当于 1 亿个太阳那么亮的光。

在恒星内部，核聚变过程完全失控。就像氢聚合生成氦一样，在恒星生命的最后阶段，氦元素聚合，生成更"重"的元素，这些元素又聚合生成更更"重"的元素……直到恒星再也无法维持这个过程。

于是便到了临终的时刻，它将用尽所有的力气完成最后的爆发：它会喷射出所有这些元素，如同一场壮观的元素烟花，在耀眼的光芒中绚烂绽放。此后，剩下的只是一个极度致密的核心，这个核心将继续演化，直到变成一颗中子星，或者一个黑洞。

与此同时，喷射出的元素在星系中散播，进入其他恒星、小行星和行星中，有些最终进入聪明到能够理解这一切的生命体中，这些生命体知道：若没有这些来自死去恒星的元素，自己就不可能诞生和存在。

这些生命体还有一个我们更熟悉的名字——人类。

红　移

这是宇宙中最微小的变化之一。

如果你透过一台足够精密的仪器观察来自遥远星系的光芒，你将看到，它们在逐渐变红，但变化的程度极其微小。这是恒星辐射能谱中最细微的变化。

而且，被观察的星系距离我们越远，变红的过程就越明显。

当观察到这种"红移"现象并发现了其中的意义之后，天文学家们非常激动。

因为它对宇宙的起源和演化过程提供了线索。但它也预言了结局：我们整个宇宙曾经存在的每一个希望、梦想、成就与爱情——都将在冰冷的、毫无生气的死寂和毫无意义的永恒中结束。

无穷无尽的宇宙

恒星并不是真的离我们越远就越红，它们只是看上去变红了。这种情况的发生说明了宇宙正在膨胀，这也是科学家们如此激动的原因。

星光在穿越宇宙的漫长旅程中，它经过的空间也在膨胀……空间内的光也"膨胀"了。

假如你在一个没有充气的气球上画一条彩色的线，然后向气球里吹气，那么气球膨胀时线的颜色会变淡，而且会变得更细。

同理，在光穿过宇宙时，如果你把宇宙拉长，光的颜色也会发生变化。当光被拉长时，它的波长（即光波的两个波峰之间的距离）会增大。

而光的波长变大，就意味着它看上去更红一些。

微小的宇宙

由此我们可以得出两个结论：

第一，如果宇宙正在变大，那么它之前肯定比现在更小——而在138亿年前，它微小到几乎不存在的程度。

彼时，它只是一个密度无穷大的点。一切事物都从它的一场大爆炸中膨胀开来。从无到有，宇宙开始。

第二，科学家们相信，宇宙最终将膨胀到特别大的程度，仅存的恒星再也无法为它提供热量，于是，我们所知的一切都将进入永恒的冰封。

末日会如何来临？

所以，人类注定将在一个被遗弃的宇宙中走向冰冷的灭绝？

也许吧，但仍有希望这个理论是错的。那种叫暗能量的东西我们仍知之甚少，如果它的性质与我们现在设想的不同，那么也许就不会有永恒的膨胀了。

相反，宇宙可能在一次大坍缩中被拉回一起，所有的星系、

星球和星球上的文明都会撞在一起，成为一个可怕的、炽热的、密度高到无法想象的小球。

这是一种更乐观的设想。

不过，无论如何，这一切在很长很长的时间内都不会发生。

所以，如果你买这本书是为了即将到来的考试，我觉得你还是需要照常复习。

简而言之：我们都是恒星的孩子。

本章要点

● 太阳系有水星、金星、地球、火星、木星、土星、天王星、海王星八大行星，而冥王星被归类为矮行星。

● 它们围绕太阳做**轨道运动**，也就是说它们一直沿着轨道"下落"。

● 恒星最初由尘埃与气体组成，它们聚集在一起，通过**核聚变**产生能量。

● 像太阳这样的较小的恒星可以燃烧很长的时间，然后成为**红巨星**，最后成为**白矮星**。

● 更大的恒星会逐渐成为红超巨星，然后成为超新星，最后成为密度非常大的**中子星**，或者密度更大的**黑洞**。

● 来自遥远恒星的光芒看上去比它实际上的颜色更红，这意味着宇宙正在膨胀。

● 如果宇宙随着时间的推移在不断膨胀，这意味着过去的宇宙比现在更小。

● 138亿年前的宇宙只是一个密度无穷大的点，**宇宙大爆炸**后，万物从这个点诞生。

你暂时不需要知道，但可能感兴趣的事情：

暗物质

暗物质看起来是什么样的？

> 你看不到它。它是"暗"的。

好吧。它摸起来是什么感觉？带刺的？硬的？软的？

> 你也摸不到它。

那能尝到它吗？或者听到它？

> 都不能。

好吧，那么……

> 我知道你想说什么。你看不到它，听不到它，尝不到它，感觉不到它，那你怎么知道它存在？

对啊。莫非你能闻到它？

> 也闻不到。

那你怎么知道它存在？

因为引力。要让星系聚集在一起并且按照它们现在的方式运转，仅靠我们可见的物质的引力是不够的。

星系本应该在高速旋转过程中分崩离析，将行星和恒星向四面八方抛出去。

暗物质是怎样阻止这种情况发生的？

它只要待在那里就行了。

星系没有解体，最恰当的解释是：宇宙中有大量我们看不到的物质。事实上，这些暗物质是所谓正常物质质量的四倍。

这些暗物质的引力将一切聚集在一起。

那暗物质究竟是什么呢？

谁也不知道。要论证一种无法被探测到的粒子的存在，难点之一就在于……它无法被探测到。

有关暗物质的理论有很多，最重要的有两种：一种理论认为，暗物质是由弱相互作用大质量粒子（weakly interacting massive particles）组成的；另一种理论认为，暗物质是由引力相互作用大质量粒子（gravitationally interacting massive particles）组成的。

这是……

是的，这两种假想粒子的英文缩写是 WIMP 和 GIMP。

暗物质的存在就是对物理学的嘲笑，物理学家们至少可以嘲笑回去*。

*译者注：wimp 和 gimp 这两个英文单词的意思分别是"胆小鬼"和"疯子"，所以说这是物理学家对暗物质粒子的嘲笑。

物理学
为什么
重要

物理学为什么重要

如果你从头到尾读完了这本书，你现在就已经掌握了物理考试的大部分考点，而且你也提前了解了一些考试大纲之外的内容。

在你为升学考试学习时，你或许会想，这些知识究竟有什么意义？这些表格、公式与日常生活有什么关系？毕竟，物理学看起来是一门宏大又抽象、与我们的日常经验没什么瓜葛的学科。

况且，那些关注物理学的人看上去还都有些古怪。古希腊科学家阿基米德就是一个最好的例子，据说，他在澡盆里发现了一个重大的物理发现。

就在坐进澡盆的那一刻，他注意到，盆里的水面上升了。水被排开了，而被排开的水的体积恰好等于他本人的体积。

他意识到可以用水来测量任何不规则固体的体积，就兴奋地从澡盆里跳了出来。在当时的这个情境中，被测量的不规则固体就是世界上最伟大的科学家之一——阿基米德本人的身体。

就这样，他赤身裸体地跑上了街头，大喊道："我知道了！"

古怪吗？当然古怪。

但在公元前 214 年的一天，物理学关乎生死。阿基米德非凡的头脑全神贯注于一场危急的水上战争。

罗马将军马塞勒斯的舰队正在扬帆前来，进攻阿基米德的故乡锡拉库萨。这个城市的人民没有推举出一位海军将领来防御敌人，而是把他们的命运交给了一位科学家——阿基米德的手中。

说实在的，在那个时代，抛石机的准头不过是在赌运气而已。毕竟没有人知道物体飞行的数学原理，以及力和角度怎样转化为速度和射程。

然而，根据水手们的报告，越过城墙发射出去的石头大多数都命中了入侵者的舰队。它们以令人惊叹的准确性划出优美的弧线，击中了船只，把它们打得四分五裂。

每一次齐射，从天而降的巨石都会击穿罗马人的舰队，将鬼哭狼嚎的士兵们送入地中海的海底。

很久之前，阿基米德就说过："给我一个支点和足够长的杠杆，我就能撬动地球。"

而在那一天，他的杠杆发挥了作用，他的世界也被撬动。

后来许多人追随着阿基米德的脚步。他们站在前辈的肩膀上，更深入地探索宇宙的奥秘。

他们研究最小和最大的物体，搭建定律、定则和定理，以期涵盖一切——从微小的电子到庞大的黑洞。

但他们和你一样，也是人类。

所以，当你为了考试而死记硬背的时候，也请注意：物理学并不是一门只有干巴巴的公式的学科。物理学的建立者们不只是想要理解世界如何运转，更希望知道世界为何如此运转。

因为，一旦知道世界为何如此运转，我们就将以非凡的方式开始改变它……

致 谢

在撰写本书时，我时常回想起自己的学校生活，想起那些老师们，他们第一次为我解释书中这些概念的时刻。

在学生的头脑中，有关老师的记忆肯定会更长久、更深刻。而老师对学生的记忆，相对就更短一些吧。大部分老师很可能已经忘记我，但我不曾忘记他们或者他们教给我的（一些）东西。

在本书中，当我从学生转变为老师时，我才意识到教师工作有多艰难——但我的那些老师们都做得极其出色。所以，我要在此感谢我所有的老师，尤其是夏尔马先生(Mr Sharma)、卡曾斯先生(Mr Cousins)、珀金斯先生(Mr Perkins)和奥克斯先生(Mr Oakes)（即使25年过去了，我们也不应该直呼老师的名字），他们带领我通过了科学、数学等初中会考科目。早就已经批改完我最后一次家庭作业的夏尔马先生，还是非常体贴地审校了这本书。当然，书中若有任何错误，都是我造成的。

我也在此感谢沃克图书公司的丹尼丝·约翰斯通-伯特(Denise Johnstone-Burt)和简·温特博特姆(Jane Winterbotham)，他们提出想做这样一本书；还有杰米·哈蒙德(Jamie Hammond)，他以我完全没有想到的方式让这本书变得非常美妙。说到美妙，书中绝妙的绘画，包括那头可怜的恐龙，出自詹姆斯·戴维斯之手。

衡量一位优秀编辑的标准是：当你收到他们的批注和修改建议时，你可能首先会认为这些建议太傻了，觉得十分厌烦，但最后——几个小时之后，又得承认它们全都是对的。贝姬·沃森(Becky Watson)就是一位非常好的编辑，我为她的坚持、勤勉和不愿意放过任何可能令人困惑的句子的精神表示感谢。

萨拉·威廉斯(Sarah Williams)是我的代理人，她一直在梳理一些打破常规的点子，把它们整理成一种人们乐于接受的形式。她的支持和建议无比宝贵。

《泰晤士报》给了我无与伦比的特权，他们雇用我，让我每天都能与科学家交流，谈论他们的工作。

最后，我要感谢凯瑟琳，我们组成了一个有两位作家的家庭，6年间这个家庭创造的图书的数量是创造的孩子的数量的两倍（而且没有少花时间陪伴孩子），这期间当然压力不小。但因为凯瑟琳，家庭成了我们共同享受的合作探险。

图书在版编目（CIP）数据

物理笑着学 / (英) 汤姆·惠普尔著；(英) 詹姆斯·
戴维斯绘；李永学译. -- 福州：海峡书局, 2024.2（2024.9重印）

书名原文：GET AHEAD IN PHYSICS

ISBN 978-7-5567-1085-0

Ⅰ.①物… Ⅱ.①汤…②詹…③李… Ⅲ.①物理学
－青少年读物 Ⅳ.①O4-49

中国国家版本馆CIP数据核字(2023)第047837号

出 版 人：林 彬

选题策划：北京浪花朵朵文化传播有限公司	出版统筹：吴兴元
编辑统筹：彭 鹏	责任编辑：廖飞琴 龙文涛
特约编辑：彭 鹏 陈宇星	营销推广：ONEBOOK
装帧制造：墨白空间·唐志永	

物理笑着学

WULI XIAOZHE XUE

著　者：[英]汤姆·惠普尔
绘　者：[英]詹姆斯·戴维斯
译　者：李永学
出版发行：海峡书局
地　址：福州市白马中路15号海峡出版发行集团2楼
邮　编：350004
印　刷：天津雅图印刷有限公司
开　本：850mm×1092mm 1/32
印　张：6.25
字　数：100 千字
版　次：2024年2月第1版
印　次：2024年9月第3次印刷
书　号：ISBN 978-7-5567-1085-0
定　价：49.80 元

读者服务：reader@hinabook.com 188-1142-1266
投稿服务：onebook@hinabook.com 133-6631-2326
直销服务：buy@hinabook.com 133-6657-3072
官方微博：@浪花朵朵童书